五年制高职专用教材
智能制造装备技术专业新形态教材

现代制造技术与检测

主　编　池保忠　马春新
副主编　钱　健　苏佳楠
参　编　于晓平　潘培山　李　凯　张　健
主　审　陈洪飞

机械工业出版社

本书紧跟现代制造技术发展潮流，内容包括现代制造技术概述、现代设计技术、现代加工技术、现代机器人技术、现代工程管理技术和在线检测技术，并融入逆向工程与3D打印应用案例，理实结合，系统构建"基础认知—关键技术—综合应用"的递进式教学模块，全面覆盖现代制造全产业链技术体系。各模块均附习题。

　　本书内容综合性强，涉及的知识面广，可作为职业院校装备制造大类机械相关专业的教材，也可供机械制造工程技术人员参考。

　　为方便教学，本书配有电子教案和电子课件，选择本书作为教材的教师可来电（010-88379492）索取或登录www.cmpedu.com网站，注册后免费下载。

　　为深化学习效果，本书配有数字化资源，并将其以二维码形式嵌入书中，方便读者理解相关知识。

图书在版编目（CIP）数据

现代制造技术与检测 / 池保忠，马春新主编 .
北京：机械工业出版社，2025. 5. --（五年制高职专用教材）（智能制造装备技术专业新形态教材）. --ISBN 978-7-111-78348-0

　Ⅰ. TH16

中国国家版本馆 CIP 数据核字第 2025YT5361 号

机械工业出版社（北京市百万庄大街 22 号　邮政编码 100037）
策划编辑：赵文婕　　　　　责任编辑：赵文婕
责任校对：丁梦卓　王　延　封面设计：王　旭
责任印制：单爱军
中煤（北京）印务有限公司印刷
2025 年 8 月第 1 版第 1 次印刷
210mm×285mm · 9 印张 · 263 千字
标准书号：ISBN 978-7-111-78348-0
定价：35.00 元

电话服务　　　　　　　　网络服务
客服电话：010-88361066　机　工　官　网：www.cmpbook.com
　　　　　010-88379833　机　工　官　博：weibo.com/cmp1952
　　　　　010-68326294　金　书　网：www.golden-book.com
封底无防伪标均为盗版　机工教育服务网：www.cmpedu.com

前言

现代制造技术是制造业创造社会财富、企业在激烈的市场竞争中保持领先优势的重要支撑。当前，随着计算机、微电子、5G通信、网络集成和自动化等技术的快速发展，以及其在制造领域中的广泛应用，极大地拓展了制造业的深度和广度，推动制造业向着高度集成化、网络化、智能化、绿色化的方向迈进，并催生出全新的制造模式，促使现代制造技术的内涵不断演变。

本书具有以下特点：

1）强调实用性。内容紧密贴合当今制造技术发展前沿，融入制造业的新动态和新趋势。

2）融入新技术。引入柔性制造技术、智能控制技术、工业机器人技术等热点技术，帮助学生掌握行业前沿知识。

3）实践导向。通过逆向工程及3D打印等实践案例，学生亲身体验和掌握先进制造技术。

4）校企合作。邀请企业专家参与编写，保证专业性、前瞻性和实用性兼具。

全书分为六个模块，主要包括现代制造技术概述、现代设计技术、现代加工技术、现代机器人技术、现代工程管理技术和在线检测技术。全书图文并茂，语言通俗易懂，同时配有电子课件、电子教案、多媒体资源，便于教师授课和学生课下预习、复习。

本书由江苏联合职业技术学院常熟分院池保忠、马春新任主编，钱健、苏佳楠任副主编，江苏联合职业技术学院武进分院于晓平、南京培杉软件科技有限公司潘培山、安徽三维天下科技股份公司李凯、北京太尔时代科技有限公司张健参与编写。全书由池保忠统稿。

由于编者水平有限，书中难免存在不妥之处，恳请读者批评指正。

编　者

二维码清单

名称	图形	名称	图形
大疆无人机生产线		手动校准喷嘴高度和平台	
AI 与 CAD 软件		UP 300 3D 打印设备 9 个点自动水平校准	
柔性制造技术		网络连接设置	
敏捷制造技术		设备维护	
增材制造技术		下载并安装 UP Studio 软件	
"碳达峰"与"碳中和"		支撑编辑	
标定前的准备工作		UP 300 打印杯子实例	
标定操作		工业机器人的发展	
扫描零件		微机电系统	
处理点云数据		精益生产	
零件的建模		测量头	
UP 300 3D 打印设备		雷尼绍测量头	
打印前准备		在线检测案例	

目录

模块一

现代制造技术概述

现代制造技术是以传统制造技术为基础，深度融合计算机信息技术、自动化控制技术、人工智能技术和现代管理方法等多学科领域，通过系统集成与优化创新构建的先进技术体系。该体系以数字化、网络化、智能化为典型特征，在制造全生命周期中实现资源高效配置、工艺智能优化和产品精准制造，推动制造业向柔性化、绿色化、服务化的高端价值链转型升级，最终形成支撑现代工业发展的交叉性学科与实践系统。

单元一　制造技术的发展历程

学习目标

1. 知识目标：了解制造及制造技术的概念；掌握现代制造技术的发展与内涵。
2. 能力目标：能理解制造技术的概念；能阐述现代制造技术的学科内涵。
3. 素养目标：通过了解制造技术的发展历程，学生应深刻认识到学习的重要性和持续创新的必要性，从而树立积极的学习心态。

相关知识

制造业是将物料、设备、能源、工具、资金、技术等资源通过制造过程转化为工业品或生活用品，以供人们使用或利用的产业，是国民经济的支柱。人类社会在生产生活中所需的一切产品都离不开制造业的生产与创造。2024年，我国全部工业增加值达到40.54万亿元，比上年增长5.7%制造业增加值占GDP的比重保持基本稳定，制造业在规模以上工业中的增加值增长6.1%。我国制造业规模继续保持全球领先，是全球最大的制造业国家。制造业作为国民经济的支柱产业，其稳定增长对我国经济的高质量发展起到了重要支撑作用。

一、制造与制造技术

1. 制造及制造技术的概念

制造是一个不断发展的概念。早期，制造主要指产品的机械加工过程。然而，随着技术、工艺和装备等的不断进步，如今的制造概念变得更加广泛。它不再局限于具体的加工工艺过程，而是涵盖了产品从市场调研、立项、设计，到生产、工艺、检验装配、质量控制，再到销售售后服务的生命全周期。同时，制造涉及的领域也极为广泛，包括机械、化工、电子、军工、航空航天等多个关系到国民经济命脉的重要行业。1990年，国际生产工程科学院（CIRP）对"制造"给出了一个权威的定义：制造是包括产品设计、材料选择、生产计划、生产过程、质量保证、管理以及市场销售服务等一系列相关活动和工作的总称。

从工程角度理解，制造可以被视为一个系统化的过程。它根据工程图样、设计说明书等文件，利用现有的设备和工具，运用已有的知识和技术，采用适当的方法，将原材料转化为产品的过程。

制造技术是指将原材料和其他资源转化为成品的技术和方法，旨在满足人们的需求和要求。它广泛应用于汽车制造、机械制造、电子产品制造等各种行业和领域。制造技术的发展和创新对于提高企业竞争力、创造经济价值和改善人类生活水平具有重要意义。

2. 制造技术的发展

制造技术的发展主要经历了三个阶段：从蒸汽机到电气化时代，再到目前的信息化时代，每一次变革都推动了制造业的巨大进步。

1）手工被机器替代，作坊形成工厂。20世纪初，随着电力的广泛应用，各种金属切削加工工艺逐步形成，但当时的生产方式还是以作坊式的单件生产为主，生产率较低。

2）大规模生产方式替代单件生产。20世纪初，福特汽车公司率先引入汽车装配流水线，实现了大规模生产方式的突破。这对劳动分工、社会发展和经济腾飞产生了深远影响。到20世纪50年代，大规模生产方式发展到顶峰，传统制造业体系也随即建立并逐步成熟。其核心是以机械和电力为基础，各类技术相互依存、协同发展。

3）柔性制造、集成化、智能化、网络化的现代制造技术。进入20世纪后期，随着社会需求向个性化、多样化的方向转变，产品的生产规模也发生了变化，如图1-1所示。同时以计算机技术为代表的高新技术和现代管理理念的引入，不断拓展和深化传统制造技术的内涵和外延，最终形成了现代制造技术。现代制造技术以柔性化、集成化、智能化和网络化为特征，能够更好地适应复杂多变的市场需求。

单件生产 ⇒ 小批量生产 ⇒ 大规模生产 ⇒ 多品种小批量生产

图1-1 生产规模变化

二、现代制造技术

1. 现代制造技术的概念

现代制造技术是在传统制造技术的基础上，不断吸收机械、电子、信息、材料、能源及现代管理方法等多学科领域的前沿成果，并将其应用于产品从设计、制造、检验，到管理、销售、售后及服务等全生命周期。通过这种方式，现代制造技术实现了优质、高效、低能耗、灵活和清洁的生产模式，显著提高了企业的市场适应能力和竞争能力。

2. 现代制造技术的内涵和技术构成

现代制造技术包含的领域和内容非常广泛，通常采用"技术群"的概念来描述。美国机械科学研究院提出现代制造技术是由一个多层次的技术群所构成的体系，其内涵、层次和技术构成如图1-2所示。

1）基础制造技术。这一层次包括优质、高效、清洁、低耗的基础制造技术，涵盖铸造、锻造、焊接、热处理、表面保护、机械加工等，是先进制造技术的核心组成部分。

2）新型制造单元技术。这一层次包括先进技术基础方法、极限加工技术、工艺模拟及工艺设计技术、制造业自动化单元技术、新材料成形与加工技术、特种加工技术、质量管理与可靠性技术、系统管理技术及清洁生产技术等。这些技术代表了制造业中的新技术和应用，是推动制造业向更高水平发展的关键。

3）先进制造集成技术。这一层次涉及应用信息技术和交流管理技术，通过网络与数据库对前两层次的技术进行集成。这是通过信息技术和交流管理技术的应用，实现制造技术的集成和创新，从而提高生产率和产品质量，是现代制造技术发展的高级阶段。

这三个层次共同构成了现代制造技术的多层次技术群结构，每一个层次都是不可或缺的部分，共同推动制造业的创新和发展。

图 1-2　现代制造技术多层次技术群结构

3. 现代制造技术的体系结构

现代制造技术是一门多学科交叉的综合技术，涉及广泛的技术内容。美国联邦科学、工程和技术协调委员会在 1994 年将其划分为三个技术群：主体技术群、支撑技术群和制造基础设施环境，如图 1-3 所示。这三个技术群互相关联、互相促进，构成了一个完整的有机整体，每一部分都不可或缺。

三、现代制造技术的学科内容

现代制造技术已经横跨多学科，涵盖了从产品设计、加工制造到产品销售、售后服务等全生命周期的相关技术，涉及设计、加工工艺、产品制造自动化、现代企业管理以及特种加工等多个领域。现代制造技术可归纳为以下几个学科方面。

1. 现代制造设计技术

现代制造设计技术的主要内容和发展趋势如下：

（1）设计方法现代化　设计方法包括并行设计、虚拟设计、绿色设计、可靠性设计、智能优化设计、计算机辅助设计、动态设计、模块化设计、计算机仿真设计、人机工程学设计、摩擦学设计、逆向设计、疲劳设计等。

（2）设计手段数字化　设计过程中大量使用计算机辅助设计（CAD）、有限元法、CAD/CAM 技术、数据库技术等数字化手段。随着人工智能、大数据以及现代产品建模理论的发展，设计正向着智能化方向发展。

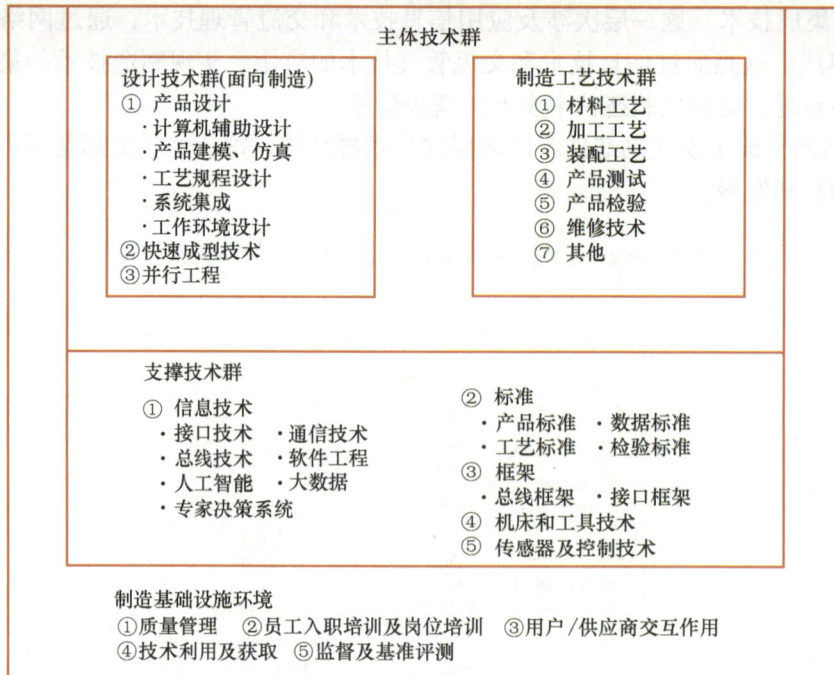

```
                          主体技术群
  ┌─────────────────────────┐  ┌─────────────────────────┐
  │ 设计技术群(面向制造)      │  │ 制造工艺技术群           │
  │ ① 产品设计               │  │ ① 材料工艺               │
  │  ·计算机辅助设计          │  │ ② 加工工艺               │
  │  ·产品建模、仿真          │  │ ③ 装配工艺               │
  │  ·工艺规程设计            │  │ ④ 产品测试               │
  │  ·系统集成                │  │ ⑤ 产品检验               │
  │  ·工作环境设计            │  │ ⑥ 维修技术               │
  │ ② 快速成型技术           │  │ ⑦ 其他                   │
  │ ③ 并行工程               │  │                          │
  └─────────────────────────┘  └─────────────────────────┘

  ┌──────────────────────────────────────────────────────┐
  │ 支撑技术群                                             │
  │ ① 信息技术              ② 标准                         │
  │  ·接口技术  ·通信技术     ·产品标准  ·数据标准           │
  │  ·总线技术  ·软件工程     ·工艺标准  ·检验标准           │
  │  ·人工智能  ·大数据      ③ 框架                         │
  │  ·专家决策系统            ·总线框架  ·接口框架           │
  │                         ④ 机床和工具技术               │
  │                         ⑤ 传感器及控制技术             │
  └──────────────────────────────────────────────────────┘

  制造基础设施环境
  ①质量管理  ②员工入职培训及岗位培训  ③用户/供应商交互作用
  ④技术利用及获取  ⑤监督及基准评测
```

图 1-3 现代制造技术体系结构

（3）全生命周期设计 新产品是一个具有很强的时间性、地域性和资源性的相对观念。全生命周期设计要求在设计产品时，不仅要考虑产品的功能和结构，还要设计产品的规划、生产、营销运营、维修保养甚至回收再处置的整个生命周期。这意味着在设计阶段就要综合考虑产品生命历程的所有环节，并将相关因素在产品设计阶段就得到综合规划和优化。

（4）绿色设计 又称环境设计或环境意识设计。在产品的整个生命周期内，着重考虑产品环境属性（如可拆卸性、可回收性、可维护性、可重复利用性等），并将其作为设计目标。在满足环境目标要求的同时，保证产品应有的功能、使用寿命和质量等。

2. 现代制造工艺技术

现代制造工艺技术包括超精密加工、精密成形与特种加工技术等方面。

（1）超精密加工技术 超精密加工技术是为适应大规模集成电路、核能、激光和航空航天等尖端技术的需求而发展起来的加工技术。目前，加工尺寸精度、形状精度和表面粗糙度均已经达到纳米级别。超精密加工主要有超精密车削加工、镜面磨削加工和研磨等技术。例如在超精密车床上，使用经过精细研磨的单晶金刚石车刀进行微量车削，切削厚度仅约为 $1\mu m$，常用于加工有色金属材料的球面、非球面和平面反射镜等高精度、表面高度光洁的零件。例如，加工核聚变装置用的直径为 800mm 的非球面反射镜，最高精度可达 $0.1\mu m$，表面粗糙度值为 $Ra0.05\mu m$。

（2）精密成形技术 精密成形技术是指利用熔化、结晶、塑性变形、扩散、相变等物理化学变化，按预定的设计要求成形机械构件。其目的在于使成形的制品达到或接近最终要求的形状或尺寸。目前，某些中小零件的精密成形已经能够实现不经切削加工或加工余量极小。

（3）特种加工技术 特种加工是指那些不属于传统加工工艺范畴的加工方法。它直接利用电能、热能、声能、光能、化学能和电化学能（有时结合机械能）对工件进行的加工。特种加工是近几十年发展起来的新工艺，是对传统加工工艺的重要补充与发展，仍在不断研究、开发和改进。特种加工的发展方向主要是：提高加工精度和表面质量，提高生产率和自动化程度，发展多种方法联合使用的复合加工，以及发展纳米级超精密加工等。

3. 现代制造自动化技术

现代制造自动化技术是通过使用机械和机电设备工具，使系统或生产过程自动化，替代或增强人的体力甚至部分智力，从而自动完成指定作业。它包括物料的仓储、运输、加工、装配、检验等各个环节的自动化。其最终目标是通过增加生产能力或降低成本来提高效率，通常两者兼而有之。其中，数控技术、工业机器人技术及柔性制造技术是制造自动化的重要基础技术之一。

（1）**数控技术**　数控技术是利用数字信息对机械运动和工作过程进行控制的技术。它是集传统机械制造技术、计算机技术、现代控制技术、传感检测技术、网络通信技术和光机电技术等于一体的现代制造业的基础技术，具有高精度、高效率、柔性自动化等特点，对制造业实现柔性自动化、集成化和智能化起着举足轻重的作用。

（2）**工业机器人技术**　工业机器人是一种仿人操作、自动控制、可重复编程、能在三维空间完成各种作业的机电一体化自动化生产设备。它涵盖了人工智能、机器视觉、传感器技术等相关先进技术，是先进制造技术领域的重要组成部分，发挥着关键作用。

（3）**柔性制造技术**　柔性自动化生产技术简称柔性制造技术，是一种以数控技术为核心、以工艺设计为先导的先进生产技术。它能够自动化地完成企业多品种、多批量的加工、制造、装配、检测等过程。柔性制造技术的高效性、灵活性和缩短投产准备时间等特性，使其成为实施敏捷制造、并行工程、精益生产和智能制造等先进制造系统的基础。

4. 现代制造工程管理技术

随着制造技术从传统的"福特"生产模式向精益生产、并行工程、敏捷制造、虚拟制造等新型生产模式转变，制造管理模式也在发生新的变革。

（1）**集成管理技术**　集成管理是一种效率和效果并重的管理模式，突出一体化整合的思想。它通过提高企业的知识含量，激发知识的潜在效力，增强企业的整体竞争力。其核心是运用集成的思想和理念指导企业的管理行为，实现资源的优化配置和协同运作。

（2）**生产组织方式**　生产组织方式是对生产者在资源要素投入、生产过程以及产出物的有机、有效结合和运营方式的全面概括。它涉及生产与运作管理中的战略决策、系统设计和系统运行管理问题，是对生产过程的综合统筹。常见的生产组织方式有成组生产、准时化生产（JIT）和计算机集成制造（CIM）。

【拓展阅读】

进入 21 世纪，智能制造作为新一代信息技术与先进制造技术深度融合的新型生产方式，已然成为新一轮工业革命的核心驱动力。从自动化生产线到智能机器人，从大数据分析到物联网技术，从机器学习到人工智能的广泛应用，智能制造正在不断推动传统制造业迈向一个更加智能、高效、可持续的制造新时代。

2017 年至 2023 年，中国科协智能制造学会联合体（IMAC）连续开展"中国智能制造科技进展案例研究"，共遴选出 70 项"中国智能制造科技进展"案例。这些成果涵盖了高档数控机床与基础制造装备、工业机器人、汽车、航空航天、新一代信息技术、纺织、轨道交通、船舶及海工装备、能源装备、工程机械、农业机械、建筑焊接等制造业重点领域；技术领域涉及工业物联网平台、大数据管理系统、人工智能技术在工厂的应用、智能制造设备、柔性智能制造产线、云制造系统、智能工厂、大规模定制平台等。

知识巩固

填空题

1. 制造技术是指将_____和_____转化为成品的技术和方法。

2. 制造是包括_____、_____、_____、生产过程、质量保证、管理以及市场销售服务等一系列相关活动和工作的总称。

3. _____、_____、_____这三个层次共同构成了现代制造技术的多层次技术群结构。

4. 现代制造设计过程中大量使用计算机辅助设计（CAD）、有限元法、CAD/CAM 技术、数据库技术等数字化手段。随着人工智能、大数据以及现代产品建模理论的发展，设计正向着_____方向发展。

5. 制造技术的发展主要经历了三个阶段：从蒸汽机到电气化时代，再到目前的_____时代。

单元二　现代制造技术的未来趋势

学习目标

1. 知识目标：了解现代制造技术的发展趋势，了解新型工业化和新质生产力的概念。
2. 能力目标：能阐述现代制造技术的发展趋势。
3. 素养目标：通过了解现代制造技术的发展趋势，培养学生乐于探索、勇于探究的学习精神。

相关知识

进入 21 世纪，随着电子信息、网络技术、人工智能等高新技术的快速发展，现代制造技术正处于不断发展的完善之中，并向着精密化、柔性化、集成化、绿色化、智能化、全球化的方向迈进。

一、现代制造技术的趋势

1. 设计技术不断现代化

产品设计是制造的基础，为制造业提供了创新灵感和技术支持。现代制造的设计方法和设计手段日益现代化，新的设计理念和方法不断涌现，使得设计技术在深度和广度上得到了更大拓展。

2. 加工技术不断发展

加工技术正朝着精密化、超精密加工化、高速化、超高速化、自动化、数字化的方向不断发展。在精密和超精密加工方面，尺寸精度、形状精度和表面粗糙度的加工水平均已经达到纳米级别。在高速和超高速加工方面，主轴转速最高可达到 100000r/min，进给速度可达 100m/min。自动化和数字化是现代加工技术的重要发展趋势，机床数控技术、计算机辅助制造技术、成组技术等的出现和应用为机械加工工业带来了巨大的发展空间。

3. 制造过程的集成化

集成化是现代制造技术的一个主要特征，体现在产品的加工、检测、装配过程一体化。计算机辅助设计技术的出现使设计与制造融合；3D 打印、精密成形等技术的发展，使得热加工可直接提供接近成品的最终形状及尺寸的零件，结合铣削和磨削加工，淡化了冷加工、热加工的界限；柔性制造系统的出现，使物料、加工、检测、装配等过程融为一体。这种趋势使得专业车间的概念逐步淡化，而将多种专业技术集成在一台设备、一条产线或一个工段的生产方式逐渐增多。

目前，制造集成化向着深度和广度不断发展，从企业内部的信息和功能集成发展为整个产品全生命周期的过程集成；从独立的"工厂集成"发展到企业间的动态集成。

4. 现代管理模式的变化

现代管理模式随着生产模式的转变发生着新的变革，其根本点从以技术为中心转变为以人为中心。通过制度、文化等措施，使员工具有更强的工作幸福感，从而提高工作效率；管理的价值观从注重物料资本转向注重人力资本；企业的组织架构向扁平化的网络结构转变，形成自主管理的小组工作组织形式。

5. 绿色制造成为制造业未来的必然选择

随着我国提出的在 2030 年达到二氧化碳排放峰值、2060 年前实现碳中和的目标，制造业也迎来了低碳绿色的发展要求。绿色制造是可持续发展战略的体现，是一种综合考虑环境影响和资源效率的现代制造方式。其目的是在产品的全生命周期内，使对环境产生的负面影响最小化，同时实现资源利用效率最大化。绿色制造的实施必将带来制造技术的变革。

6. 智能制造前景广阔

当前，5G 技术和工业互联网的不断发展将成为智能制造转型的重要推动力。智能制造的未来发展趋势是在工业互联网与 5G 技术的相互推动下，实现数字化、网络化和智能化的生产，实现生产的高效率、智能化和个性化需求。智能制造的发展趋势是系统集成，通过集成化技术，将生产工艺技术、硬件、软件与应用技术相结合，形成设备与智能网络的高度互联。在物联网、大数据、云计算等信息化手段的支持下，智能制造装备的自动化和集成化能够满足产品的多品种、小批量的高效生产，实现个性化和定制化需求。基于信息物理系统的智能工厂将成为未来制造业的主要形式，智能制造为未来先进制造技术的发展提供了广阔的前景。

二、新型工业化

在 21 世纪的全球经济版图中，新型工业化已成为推动各国经济转型升级和高质量发展的关键力量。这一概念自 2002 年党的十六大首次提出以来，经过二十多年的实践与发展，已经成为中国乃至世界工业化进程中的重要战略选择。

1. 新型工业化的概念

新型工业化是一个发展经济学概念，是指在知识经济形态下，以信息化带动工业化，以工业化促进信息化，走出一条科技含量高、经济效益好、资源消耗低、环境污染少、人力资源优势得到充分发挥的工业化道路。其核心在于通过知识运营的增长方式，实现工业化与信息化、城镇化、农业现代化的深度融合与协调发展。

新型工业化的内涵丰富而深远。它不仅强调工业化过程中的技术创新和产业升级，还注重资源节约和环境保护，追求经济效益与社会效益的有机统一。同时，新型工业化还强调人力资源的充分开发和利用，通过提高劳动者素质和创新能力，为工业化进程提供持久动力。

2. 新型工业化的特征

新型工业化具有一系列显著特征，这些特征共同构成了其区别于传统工业化的独特优势。

（1）知识化、信息化　新型工业化以知识和信息为主要驱动力，通过数字技术、人工智能等先进技术的广泛应用，推动生产方式的智能化和高效化。这不仅提高了生产率和质量，还促进了产业结构的优化升级。

（2）高效化、绿色化　新型工业化追求资源的高效利用和环境的可持续保护。通过推广节能减排技术和循环经济模式，减少资源消耗和环境污染，实现工业发展与生态环境的和谐共生。

（3）融合化、协同化　新型工业化强调产业间的融合与协同发展。通过产业链、创新链、价值链的深度融合，形成优势互补、资源共享的产业发展生态体系。同时，加强区域间的协同合作，推动区域经济一体化发展。

（4）国际化、开放化　新型工业化坚持对外开放的基本国策，积极参与全球产业链、供应链、价值链的重构与整合。通过加强国际合作与交流，引进先进技术和管理经验，提升我国工业的国际竞争力。

3. 新型工业化的发展现状

自党的十六大首次提出新型工业化道路以来，我国新型工业化取得了显著成就。制造业增加值连续多年位居世界首位，产业结构不断优化升级，产业链供应链韧性和竞争力持续提升。同时，新一代信息技术、新能源、新材料等战略性新兴产业蓬勃发展，为新型工业化注入了新的活力。

然而，我国新型工业化发展仍面临诸多挑战。一方面，我国工业仍处于全球价值链中低端，自主可控能力还不强；另一方面，国际环境复杂多变，极少数发达国家对我国先进制造业的打压不断升级。这些挑战要求我们必须加快推进新型工业化进程，提升产业基础能力和产业链现代化水平。

4. 新型工业化面临的挑战与机遇

（1）全球产业链重组与竞争加剧　随着全球产业结构和布局的深度调整，跨国企业供应链布局更加注重韧性和安全。这导致我国在全球产业链中的地位面临新的挑战和不确定性。

（2）发达国家技术封锁与打压　极少数发达国家对我国高科技产业的打压不断升级，特别是在关键零部件、原材料和软件等方面进行全面封锁。这严重制约了我国新型工业化的发展进程。

（3）区域产业发展差异大　我国区域产业发展差异显著，各地区工业发展存在同质化竞争现象。这导致资源向优势区域集聚，区域协调发展面临严峻挑战。

（4）新一轮科技革命和产业变革　以数字技术为代表的新一轮科技革命和产业变革正在全球范围内深入推进。这为我国新型工业化提供了难得的历史机遇和广阔的发展空间。

（5）国内市场需求巨大　我国拥有全球最大的内需市场，内需的释放不仅是产业链供应链韧性和安全的保障，还能为新型工业化提供持续的动力源泉。

（6）政策环境不断优化　国家高度重视新型工业化发展，出台了一系列政策措施支持战略性新兴产业和未来产业的发展。这为新型工业化提供了良好的政策环境和制度保障。

5. 新型工业化的未来趋势

展望未来，新型工业化将呈现以下发展趋势：

（1）数字化转型加速　随着数字技术的不断成熟和应用场景的持续拓展，数字化转型将成为新型工业化的核心驱动力。通过构建智能制造体系、推动工业互联网发展等措施，实现生产方式的智能化和高效化。

（2）绿色低碳转型深入　实现碳达峰、碳中和是我国向世界做出的庄严承诺。新型工业化将在低碳道路上不断推进，通过推广节能减排技术、发展循环经济等模式，实现工业发展与生态环境的和谐共生。

（3）产业链供应链现代化提升　加强产业链供应链自主可控能力建设将成为新型工业化的重要任务。通过提升产业基础能力和产业链现代化水平，增强我国在全球产业链供应链中的竞争力和话语权。

（4）区域协调发展加强　推动区域产业协调发展将成为新型工业化的重要方向。通过加强区域间的协同合作和资源共享，形成优势互补、共同发展的产业生态体系。

（5）国际合作与开放深化　在全球化背景下，新型工业化将坚持对外开放的基本国策，积极参与全球产业链、供应链、价值链的重构与整合。通过加强国际合作与交流，引进先进技术和管理经验，提升我国工业的国际竞争力。

总之，新型工业化是推动我国经济转型升级和高质量发展的必由之路。面对国内外环境的深刻变化和新一轮科技革命和产业变革的浪潮，我们必须坚定信心、迎难而上，加快推进新型工业化进程。通过加强科技创新、优化产业结构、提升产业链供应链现代化水平等措施，实现我国工业由大变强、由制造大国向制造强国迈进的宏伟目标。同时，加强国际合作与交流，积极参与全球产业分工和竞争，为构建人类命运共同体贡献中国智慧和力量。

三、新质生产力

在全球化与信息化快速发展的今天，新质生产力已成为推动社会进步和经济发展的核心动力。这一概念自 2023 年被首次提出以来，迅速成为学术界和产业界关注的焦点。新质生产力不仅代表了生产力的巨大跃迁，更是科技创新与产业升级深度融合的产物。

1. 新质生产力的内涵

新质生产力是由技术革命性突破、生产要素创新性配置、产业深度转型升级而催生的当代先进生产力。它以劳动者、劳动资料、劳动对象及其优化组合的质变为基本内涵，以全要素生产率提升为核心标志。这一概念的提出，标志着中国经济发展进入了一个全新的阶段，即从传统的依赖要素投入和规模扩张的增长模式，转向依靠创新驱动和效率提升的高质量发展模式。

大疆无人机生产线

新质生产力的形成,基于中国长期以来在创新驱动发展、供给侧结构性改革等方面积累的丰富经验和深刻洞察。它强调创新在生产力发展中的主导作用,通过数智技术、绿色技术等先进适用技术的广泛应用,为传统产业注入新动能,推动产业结构的优化升级。同时,新质生产力还注重产业链的延伸和拓展,通过凝练产业需求,优化创新体系布局,不断推动战略性新兴产业和未来产业的发展。

2. 新质生产力的特征

新质生产力以自身的特征展现了其强大的生命力和广阔的发展前景。具体来说,新质生产力的特征主要包括以下几个方面:

（1）高效性　新质生产力通过采用先进的生产技术和管理手段,能够大幅度提高生产率和质量,同时降低成本和资源消耗。这种高效性不仅体现在生产环节,还贯穿于产品设计、研发、销售等全生命周期。

（2）精准性　借助于大数据和人工智能等技术手段,新质生产力能够实现对市场需求、消费者行为等信息的精准把握和分析,进而实现精准营销和精细化运营。这种精准性不仅提高了企业的市场竞争力,还促进了产品和服务的个性化定制。

（3）数字化和智能化　新质生产力以互联网、物联网、大数据、人工智能等新兴技术为支撑,实现了跨地区、跨行业的资源共享和优化配置。数字化和智能化的生产方式不仅提高了生产率,还带来了更加便捷、高效的服务模式。

（4）绿色化　新质生产力注重环境保护和可持续发展,通过推动环保技术和清洁能源的使用,减少生产过程中的资源消耗和污染排放。这种绿色化的生产方式不仅符合全球应对气候变化的大趋势,还为企业赢得了良好的社会声誉。

（5）颠覆性　创新驱动的新质生产力往往伴随着颠覆性的技术创新,这些创新不仅推动了产业形态和发展模式的根本变革,还催生了一批新兴产业和业态。例如量子计算、生物技术等前沿领域的突破,将为未来经济发展注入新的活力。

3. 新质生产力的发展阶段

新质生产力的形成和发展是一个长期而复杂的过程。根据《新质生产力:中国经济发展新动能》一书的划分,新质生产力理论的形成和发展可以分为酝酿期、发展期、形成期和成熟期四个阶段。

（1）酝酿期（2015年至2020年）　这一时期,中国经济进入了一个新阶段,主要经济指标之间的联动性出现背离。为适应这种变化,我国提出了供给侧结构性改革,通过改革供给制度,大力激发微观经济主体活力,为新质生产力的孕育提供了理论和实践基础。

（2）发展期（2020年至2023年7月）　在这一阶段,我国开始培育战略性新兴产业与未来产业,构建现代化产业体系。通过实施创新驱动发展战略,新技术、新产品、新业态和新模式不断涌现,为新质生产力的形成提供了有力支撑。

（3）形成期（2023年9月至2023年12月）　2023年9月,习近平总书记在黑龙江考察调研期间首次提出"新质生产力"这一重大概念。此后,新质生产力的概念逐渐清晰和完善,成为指导中国经济高质量发展的新理念。

（4）成熟期（2023年12月至今）　随着新质生产力理论的不断完善和实践的深入,其影响力和带动力日益显现。在这一阶段,我国将继续加大科技创新力度,推动战略性新兴产业和未来产业的发展,加快构建现代化产业体系。

4. 新质生产力对国民经济的影响

新质生产力对国民经济的影响是深远而广泛的。它不仅带来了极大的效率变革、动力变革和质量变革,还促进了产业升级、提升了产业质量。

（1）效率变革　新质生产力通过科技进步和管理创新,提高了全要素生产率,降低了生产成本和资源消耗。这种效率变革不仅提高了企业的市场竞争力,还推动了整个国民经济的可持续发展。

（2）动力变革　新质生产力推动了产业和产品的不断升级，催生了新产品、新模式和新业态。这些新兴产业和业态不仅为经济增长提供了新的动力源泉，还促进了经济结构的优化和升级。

（3）质量变革　新质生产力强调产品和服务的质量提升，通过个性化定制和可追溯的产品溯源体系等手段，提高了产品和服务的品质和市场竞争力。这种质量变革不仅满足了消费者日益增长的需求，还提升了企业的品牌形象和市场地位。

5. 新质生产力的发展趋势与挑战

新质生产力的发展趋势主要体现在信息化和数字化、智能化和自动化、绿色化和可持续化等方面。然而，在快速发展的过程中，新质生产力也面临着一系列挑战。

（1）信息化和数字化趋势　随着大数据、云计算和物联网技术的发展，信息化和数字化已经渗透到生产的各个环节。这种趋势不仅提高了生产的灵活性和效率，还促进了产业间的融合和创新。然而，信息化和数字化的发展也带来了数据安全和个人隐私的风险，需要企业和政府共同努力，制定相应的法律和政策加以应对。

（2）智能化和自动化趋势　人工智能和机器学习的应用使得生产过程更加智能化和自动化。机器人和自动化设备能够替代人力进行更复杂的操作，提高了生产率和产品质量。然而，智能化和自动化的发展也对高技能人才提出了更高的需求，这对教育体系提出了改革和创新的需求。

（3）绿色化和可持续化趋势　在全球气候变化的背景下，新质生产力强调绿色生产和可持续发展。环保技术和清洁能源的广泛应用不仅减少了资源消耗和污染排放，还为企业赢得了良好的社会声誉。然而，绿色化和可持续化的发展也需要大量的资金投入和技术支持，这对企业和政府都提出了更高的要求。

6. 新质生产力的发展策略与建议

为推动新质生产力的快速发展和广泛应用需要采取一系列策略。

（1）加强科技创新　持续加大科技创新投入力度，推动关键核心技术的突破和应用。通过产学研用深度融合和协同创新机制建设，加快科技成果向现实生产力转化。

（2）优化产业结构　加快传统产业转型升级步伐，推动战略性新兴产业和未来产业的发展。通过政策引导和市场机制相结合的方式，促进产业结构的优化升级和协同发展。

（3）培养高技能人才　加强职业教育和技能培训体系建设，培养更多适应新质生产力发展需求的高技能人才。通过校企合作、产教融合等方式，提高人才培养的质量和效率。

（4）完善政策环境　制定和完善相关政策法规体系，为新质生产力的发展提供有力保障。通过税收优惠、财政补贴等手段激励企业加大研发投入和技术创新力度；同时加强知识产权保护力度，维护市场秩序和公平竞争环境。

（5）推动国际合作　加强与国际社会的交流合作力度，共同应对全球性挑战和问题。通过参与国际标准和规则制定等方式，提升我国在国际舞台上的话语权和影响力；同时积极引进国外先进技术和经验，推动我国新质生产力的快速发展和广泛应用。

新质生产力作为当代先进生产力的具体体现，是推动社会进步和经济发展的关键力量。它以高效性、精准性、数字化和智能化、绿色化等特征为标志，正在引领科技与产业的新变革。面对未来发展的新机遇和挑战，我们需要不断加强科技创新力度、优化产业结构、培养高技能人才、完善政策环境，并积极推动国际合作。

【拓展阅读】

"十四五"重大工程设备与技术创新突破：

1. 千吨级架桥一体机"昆仑号"的深化应用

在"十四五"期间，"昆仑号"千吨级架桥一体机进一步优化升级，不仅用于福厦高铁等跨海工程，还拓展至西部复杂地质区域。其兼容性提升至适应多气候、多地形场景，架梁效率提高 30%，推动我国高铁桥梁建设迈入"大跨度、高精度、智能化"新阶段。例如，在川藏铁路建设中，该设备解决了高原冻土与地震带施工难题，成为高原铁路建设的关键装备。

2. 超大直径盾构机技术迭代

"泰山号"盾构机的成功应用带动了国产盾构技术的全面突破。2024 年，我国自主研发的"京华号"盾构机（直径为 16.07m）完成北京东六环地下隧道改造工程，创下国内最大埋深与最长连续掘进纪录。此外，针对城市地下空间开发，智能盾构机已实现实时地质感知与自适应掘进功能，减少地面沉降风险 30% 以上。

知识巩固

一、填空题

1. _____是制造的基础，为制造业提供了创新灵感和技术支持。

2. 新型工业化的核心在于通过知识运营的增长方式，实现工业化与_____、_____、_____的深度融合与协调发展。

3. 新质生产力的提出，标志着中国经济发展进入了一个全新的阶段，即从传统的依赖要素投入和规模扩张的增长模式，转向依靠_____和_____的高质量发展模式。

4. 新质生产力的特征主要包括_____、_____、_____、_____及颠覆性。

5. 新质生产力理论的形成和发展可以分为_____、_____、_____和_____四个阶段。

二、选择题

1. 在高速和超高速加工方面，主轴转速最高可达到（　　）r/min，进给速度可达 100m/min。

A. 10　　　　　B. 100　　　　　C. 10000　　　　　D. 100000

2. 我国提出在（　　）年达到二氧化碳排放峰值，（　　）年前实现碳中和的目标。

A. 2030　　　　B. 2040　　　　C. 2050　　　　D. 2060

模块二

现代设计技术

现代设计技术是指将整个工程产品的开发过程视为一个从市场或客户需求出发，形成产品设计规范的过程。在这个过程中，设计人员通过创造性思维，对预定目标进行规划、分析和决策，最终生成载有相应的文字、数据、图形等信息的技术文件，以取得最佳社会与经济效益。工程设计过程本质上是一个创新过程，即将创新构思转化为有竞争力产品的过程。

随着系统工程、创造工程、价值工程、优化工程、可靠性工程、相似工程、人机工程、工业美学等现代设计理论的发展，以及计算机技术的普遍应用，设计工作已经进入了一个新的阶段，设计领域发生了显著的变革。人们把制造领域应用科学知识和现代技术手段进行的工程设计称为现代制造工程技术。

单元一　计算机辅助设计与制造

🖥️ 学习目标

1. 知识目标：了解 CAD/CAM 技术；掌握 CAD/CAM 系统结构组成。
2. 能力目标：能理解 CAD/CAM 技术内涵；能阐述 CAD/CAM 系统各部分的组成及其作用。
3. 素养目标：通过本单元学习，培养学生勤于思考、善于总结的思维习惯和解决问题的能力。

🖥️ 相关知识

随着计算机技术的发展和应用，制造业先后出现了多种计算机辅助单元技术，如计算机辅助设计（Computer Aided Design，CAD）技术、计算机辅助工程分析（Computer Aided Engineering，CAE）技术、计算机辅助工艺设计（Computer Aided Process Planning，CAPP）技术、计算机辅助制造（Computer Aided Manufacturing，CAM）技术等。为了实现企业信息资源的共享与集成，在这些单元技术的基础上形成了 CAD/CAE/CAPP/CAM 集成技术，通常简称为"4C 技术"，也可统称为 CAD/CAM 技术，即借助于计算机工具从事产品的设计与制造的技术。

一、CAD 技术

CAD 是指设计人员借助计算机与软件系统工具，在产品设计规范和设计数据库的支撑约束下，运用自身的知识和经验，从事包括产品方案构思、总体设计、分析计算和图形处理等设计活动，最终完成产品数据模型的建立，并输出产品工程图样和设计文档的过程。CAD 系统的功能模型如

图 2-1 所示。

通常，CAD 系统应具备产品几何建模、计算分析、仿真模拟、工程图样处理等功能，并包含产品设计规范数据库。CAD 系统的作业过程是：设计人员在产品概念设计的基础上，从事产品的几何造型，建立产品的数据模型，并从产品数据模型中提取相关数据进行必要的工程分析与计算，根据分析计算的结果，确定是否需要对原设计模型进行修改。待设计结果满意后，编辑全部设计文档、绘制工程图样，最终完成产品设计的全过程。

图 2-1　CAD 系统的功能模型

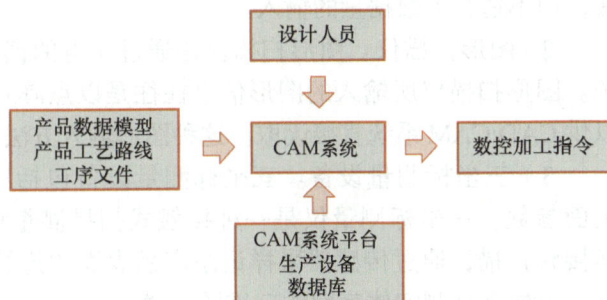

从 CAD 系统的作业过程可以看出，CAD 技术本质上是一项产品建模技术。它将产品的物理模型转化为计算机内部的数据模型，供后续产品开发活动共享，并作为产品全生命周期的信息流之源。

一个功能完备的 CAD 系统应包含产品设计数据库、应用程序库和多功能交互图形库。

1）产品设计数据库：存储各种标准规范、计算公式、经验曲线等产品设计信息。

2）应用程序库：包含常规设计、优化方法、有限元分析、可靠性分析等通用或专用的分析和计算程序。

3）多功能交互图形库：用于图形处理、工程图样绘制、标准零部件图库的建立等图形处理作业。

在 CAD 系统中，若加入人工智能技术，用计算机模拟人类专家解决问题的思路和方法进行推理和决策，可大大提高设计过程的自动化水平。这种系统能够支持产品的功能设计、总体方案设计等概念设计阶段，实现对产品设计全过程的有力支持。

二、CAM 技术

CAM 有广义和狭义之分。广义的 CAM 一般是指利用计算机辅助完成从毛坯设计到产品制造完成的全过程，包括直接和间接的各种生产活动。这些活动涵盖工艺准备、生产作业计划制定、物流过程的运行控制、生产管理、质量控制等内容。其中工艺准备包括计算机辅助工艺规程设计、计算机辅助工装设计与制造、计算机辅助数控编程、计算机辅助工时定额和材料定额的编制等；物流过程的运行控制包括物料的加工、装配、检验、输送、储存等。

狭义的 CAM 通常是指数控程序的编制，包括刀具路径的规划、刀位文件的生成、刀具轨迹的仿真、后置处理以及数控程序生成等作业过程。

在 CAD/CAM 系统中，CAM 的概念通常是指狭义的 CAM。CAM 系统的功能模型如图 2-2 所示。具体而言，CAM 系统根据 CAD 系统所提供的产品数据模型以及 CAPP 系统提供的产品工艺路线和工序文件，在 CAM 系统平台以及生产数据库的支持下，生成数控加工指令。

三、CAD/CAM 系统结构

1.CAD/CAM 系统的组成

一般认为，CAD/CAM 系统是由硬件、软件和设计者组成的人机一体化系统。

图 2-2　CAM 系统的功能模型

（1）硬件　这是 CAD/CAM 系统的基础，包括计算机主机、外部设备以及网络通信设备等有形的物质设备。

（2）软件　这是 CAD/CAM 系统的核心，包括操作系统、各种支撑软件和应用软件等。软件在 CAD/CAM 系统中占据越来越重要的地位。软件配置的水平和档次可决定 CAD/CAM 系统性能的优劣。

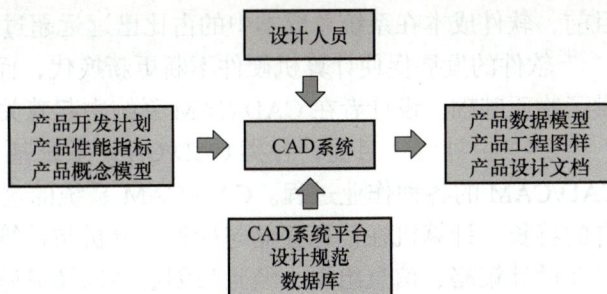

目前，软件成本在系统总成本中的占比已远远超过硬件设备。

软件的发展促使计算机硬件不断更新换代，而硬件的升级又为开发更好的 CAD/CAM 软件系统提供了物质基础。设计者在 CAD/CAM 系统中起着关键的作用。

（3）设计者　目前，各类 CAD/CAM 系统基本都采用人机交互的工作方式，通过人机对话完成 CAD/CAM 的各种作业过程。CAD/CAM 系统的这种作业方式要求设计者与计算机密切合作，发挥各自的特长。计算机在信息存储与检索、分析与计算、图形与文字处理等方面具有绝对的优势，而设计者在设计策略、信息组织、经验与创造性以及灵感思维方面占据主导地位。尤其在当前阶段，设计者在 CAD/CAM 作业过程中仍起着不可替代的作用。

2.CAD/CAM 系统的硬件

CAD/CAM 系统的主要硬件设备包括计算机主机、外存储器、输入设备和输出设备等。

（1）计算机主机　计算机主机是 CAD/CAM 系统的硬件核心，主要由中央处理器（CPU）、内存储器以及输入 / 输出接口组成。

1）中央处理器是计算机的核心部件，通常由控制器和运算器构成，负责执行程序指令和处理数据。

2）内存储器是中央处理器可以直接访问的存储单元，用于存储常驻的控制程序、用户指令和待处理的数据。

3）输入 / 输出接口用于实现计算机主机与外部设备之间的信息通信。

按照主机执行功能的不同，可将计算机分为微型计算机、工作站、小型机及大中型机等不同类型。目前，生产企业所使用的计算机通常以微型计算机为主。它具有投资少、性价比高、应用软件丰富、操作简便、环境要求低等特点。

（2）外存储器　计算机存储器分为内存储器和外存储器。

1）内存储器供 CPU 直接访问，存取速度快，但成本较高且掉电后信息无法保存。

2）外存储器用于存储 CPU 暂时不用的程序和数据，具有容量大、成本低、可长期保存的优点。当 CPU 需要读取外存储器信息时，须先将外存储器中的信息调入内存储器；内存储器中暂时不用的程序和数据则放回外存储器，以便腾出内存空间供其他程序和数据使用。

目前，常用的外存储器有光盘和 U 盘等类型。

（3）输入设备　CAD/CAM 系统的输入设备主要包括键盘、鼠标、图形扫描仪、三坐标测量仪、数码相机、数据手套等。

1）键盘和鼠标。键盘和鼠标是 CAD/CAM 系统最基本且最普及的输入设备。键盘用于输入各类参数和命令；鼠标用于输入图形坐标、激活屏幕菜单。使用键盘和鼠标操作简单、使用方便、价格低廉，但不适合大数据量的输入。

2）图形扫描仪。图形扫描仪是通过光电阅读装置，将所扫描的图形信息转化为数字信号输入系统。图形扫描仪所输入的图形信息往往是以点阵式图像进行存储，须经矢量化处理转化为矢量图形，以供 CAD/CAM 系统直接读取。这种图形输入方法大大提高了图形输入速度，减轻了图形输入工作量。

3）三坐标测量设备。三坐标测量设备包括三坐标测量仪、激光扫描仪等，用于输入产品实体表面参数。三坐标测量仪是一种接触式扫描测量设备，如图 2-3 所示。它通过三维测量头与产品表面接触扫描，通过传感器采样记录产品表面的连续坐标数据，经去噪处理后，借助 CAD 几何建模功能，可建立被测实体表面的三维数据模型。三坐标测量仪测量精度较高，但测量速度和测量效率相对较低。

激光扫描仪是采用激光测距原理对实体表面进行非接触测量的快速测量设备，由激光源发射的激光束对实体表面进行扫描，经实体表面反射后由 CCD 图像传感器采集，从而获得实体表面连续的三维坐标点数据。这些数据经 CAD 系统建模处理后，可建立三维实体的曲面模型，如图 2-4 所示。

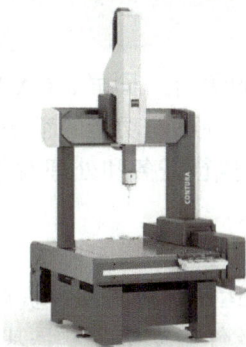

图 2-3　三坐标测量仪

图 2-4　激光扫描仪

4）其他输入设备。除了上述几种输入设备之外，近年来还出现了如触摸屏、数码相机、语音识别、数据手套等多种声、光、电技术的 CAD/CAM 系统输入设备，这些设备大大拓宽了 CAD/CAM 系统的信息输入源。触摸屏是一种很有特色的输入设备。当人手指触摸屏幕的不同位置时，计算机便能接收到触摸信号，并按照设定的软件要求进行响应。数码相机作为一种真实图像录入设备，是采用光电装置将光学图像转换成数字图像，可用于 CAD/CAM 系统中二维图形的快速输入和处理。语音识别输入是一种语音媒体输入手段，现已推出了商品化的语音处理软件系统，能够将语音指令转换为计算机可识别的命令，进一步提高了输入效率。数据手套是随着虚拟现实技术的发展而出现的一种新型输入装置。它是利用光电纤维的导光量来测量手指的弯曲程度，并通过检测人手的位置与指向，实时生成人手与虚拟物体接近或远离的图像，为虚拟设计和交互提供了更加直观的体验。

（4）输出设备　CAD/CAM 系统最常用的输出设备有图形显示器、打印机和绘图仪等。近年来，随着虚拟制造和快速原型技术在产品设计开发中的应用，立体显示器和 3D 打印机等新型输出设备在现代产品设计中扮演着重要角色。

1）图形显示器。图形显示器是 CAD/CAM 系统最基本的输出设备，用于将系统计算处理的中间或最终结果以图形和文字的形式显示出来，供设计者观察或浏览。目前，CAD/CAM 系统主要采用液晶显示器，其具有零辐射、低能耗、图像不失真、机身纤薄轻巧等特点。

2）打印机。打印机是 CAD/CAM 系统中常见的输出设备，用于将系统设计结果以纸介质形式打印出来，作为技术文档长期保存。打印机不仅能打印文字，也能输出图形，是最经济的输出设备。目前，市场上常见的打印机多为激光打印机。

3）绘图仪。绘图仪是一种高速度、高精度的图形输出装置，能将 CAD/CAM 系统设计完成的工程图样绘制到图纸上，以便在生产中使用和交流。目前，市场上提供的绘图仪种类丰富，有静电式、热蜡式、热敏式、喷墨式、激光式等多种类型。

4）其他输出设备。除了上述输出设备，数据头盔、3D 打印机以及生产车间的数控加工设备等均可直接或间接地作为 CAD/CAM 系统的输出设备。

为保证 CAD/CAM 系统的高效运行，其硬件系统应满足如下要求。

1）图形处理功能强。在机械 CAD/CAM 系统中，图形信息处理的工作量较大，因此硬件系统要有大内存容量、高图形分辨率和快速图形处理速度。

2）外存储容量大。CAD/CAM 系统需要存储自身的图形库、数据库以及各类产品的图样和技术文档，这就需要足够大的外存储容量。

3）人机交互环境好。CAD/CAM 作业要求硬件系统能够提供友好的人机交互工具和快速的交互响应速度，以提高设计效率。

4）网络通信速度快。CAD/CAM 系统是一个综合化的集成系统，通过计算机网络将位于不同地点、不同部门的各类异构计算机、不同应用软件和控制装置连接起来，用于各种产品设计和制造活动。因此系统需要具有快速的信息传递和通信能力。

AI 与 CAD
软件

四、CAD/CAM 系统软件

计算机软件是一系列按照一定逻辑关系组织的计算机数据和程序的集合。同样，CAD/CAM 系统的软件是指控制 CAD/CAM 系统运行，并充分发挥计算机最大效能的各种不同功能的程序和相关数据的集合。可以说，软件是 CAD/CAM 系统的"大脑"和"灵魂"。根据执行任务和处理对象的不同，可将 CAD/CAM 系统的软件分为系统软件、支撑软件及应用软件三个层次。

1. 系统软件

系统软件与计算机硬件相关联，起着扩充计算机功能和合理调度与运用计算机硬件资源的作用。系统软件有两个显著的特点：一是公用性，即各个应用领域都要有系统软件的支持；二是基础性，即各种支撑软件及应用软件都是在系统软件基础上开发的。

CAD/CAM 系统的软件包括计算机操作系统、硬件驱动系统及语言编译系统等。

1）计算机操作系统是计算机软件的核心，负责监控和调度计算机系统的所有软、硬件资源。目前常用的操作系统有 Windows、UNIX、Linux 等。

2）硬件驱动系统是一种可使计算机和外部设备进行通信的特殊软件程序。操作系统通过硬件驱动系统控制硬件设备的工作，因此硬件驱动系统可以看作是外部硬件设备和计算机之间的"桥梁"。

3）语言编译系统是将用计算机高级语言编写的程序翻译成计算机能够执行的机器指令。目前，CAD/CAM 系统广为应用的计算机高级语言有 Visual Basic、Visual C/C++、Java 等。

2. 支撑软件

支撑软件是在 CAD/CAM 系统软件基础上，针对用户共性需求开发的通用性软件，是 CAD/CAM 系统的重要组成部分。CAD/CAM 系统涉及的支撑软件种类繁多，可大致概括为如下几类。

（1）图形接口软件　CAD/CAM 系统离不开图形，因此需要有图形软件的支持。图形接口软件提供了丰富的图形函数，使应用程序可以方便地在计算机屏幕及其他图形设备上生成如直线、曲线、路径、文本、二维/三维图形以及位图图像等图形化的处理结果。这类软件有 GKS、PHIGS、GL 等，现已作为标准化的图形接口系统被广泛使用。

（2）工程绘图软件　工程绘图软件主要以人机交互方法完成二维工程图的生成和绘制，具有图形的增删、缩放、复制、镜像等编辑功能，支持尺寸标注、图形拼装等图形处理功能，具有尺寸驱动参数化绘图功能，并包含较完备的机械标准件参数化图库等。工程绘图软件的绘图功能强、操作方便、价格便宜，已在国内企业中广泛普及。目前，国内较为流行的工程绘图软件有 Autodesk 公司的 AutoCAD、北京数码大方科技有限公司的 CAXA 电子图板、华中科技大学开目 CAD、清华天河 CAD 等。

（3）几何建模软件　几何建模软件是为用户提供了一种在计算机内快速、正确地描述三维几何形体的工具，支持显示、消隐、浓淡处理、实体拼装、干涉检查、实体属性计算等功能。目前，市场上商品化的几何建模软件较多，包括综合功能型软件（如 I-DEASUG、CATIA、Creo 等）和单一功能型软件（如 SolidWorks、SolidEdge、Inventor 等）。

（4）数控编程软件　数控编程软件是根据给定的零件几何特征和工艺要求，选择所需的刀具和进给方式，自动生成刀具路径，经后置处理自动生成特定机床设备的数控加工程序。目前，市场上数控编程软件类型较多，有专用数控编程软件（如 MasterCAM、DelCAM、国产 CAXA 制造工程师等）和综合 CAD/CAM 系统中的 CAM 模块（如 UG、Creo、Cimatron 等）。

3. 应用软件

应用软件是在系统软件和支撑软件基础上，针对专门应用领域的需求而开发的 CAD/CAM 软件。这类软件通常由用户结合自身产品设计需求自行开发，如机械零件设计 CAD、模具设计 CAD、组合机床设计 CAD、汽车车身设计 CAD 等均属 CAD/CAM 应用软件范畴。应用软件的开发是充分发挥已有 CAD/CAM 硬件和软件系统的功能和效率的关键。借助现有商用 CAD/CAM 支撑软件提供的二次开发工具，可以减轻开发工作量，同时保证所开发的应用软件的技术先进性。

实际上，应用软件和支撑软件之间并没有本质区别。当某一应用软件成熟并普及使用后，也可将其视为支撑软件。

【拓展阅读】

2023 年 8 月 21 日上午，在 2023 年中国工业软件供需大会暨中国（南京）国际软件产品和信息服务交易博览会主论坛暨开幕式上，广州中望龙腾软件股份有限公司副总经理林庆忠发表了题为《国产工业软件的自主创新实践》的主旨演讲。林庆忠介绍，中望软件扎根工业设计软件领域，坚定走自主研发道路。经过 25 年发展，中望软件掌握了二维和三维 CAD、CAM、仿真 CAE 等核心技术，并在 CAx 核心技术的攻关与创新发展上持续奋进。依托自主三维几何建模引擎技术，中望软件打造了自主研发的高端三维 CAD "悟空平台"等一系列高质量平台产品，同时不断推出多行业解决方案，完善行业生态矩阵，共建国产工业软件生态圈，助力产业实现数字化转型升级。

知识巩固

一、填空题

1. 广义的 CAM 一般是指利用_____辅助完成从毛坯设计到产品制造完成的全过程，包括直接和间接的各种生产活动。

2. 狭义的 CAM 通常是指_____，包括刀具路径的规划、刀位文件的生成、刀具轨迹的仿真、后置处理以及数控程序生成等作业过程。

3._____是 CAD/CAM 系统的基础，包括计算机主机、外部设备以及网络通信设备等有形的物质设备。

4. CAD/CAM 系统的主要硬件设备包括_____、外存储器、_____和输出设备等。

5. 根据执行任务和处理对象的不同，可将 CAD/CAM 系统的软件分为_____、_____及应用软件三个层次。

二、选择题

1. 下列设备中不属于图形输入设备的是（　　　）。

A. 扫描仪　　　　　B. 显示器　　　　　C. 键盘　　　　　D. 鼠标

2. 各种支撑软件及应用软件都是在（　　　）基础上开发的。

A. 系统软件　　　　B. 驱动软件　　　　C. 应用软件　　　　D 三维软件

3.（　　　）软件是根据给定的零件几何特征和工艺要求，选择所需的刀具和进给方式，自动生成刀具路径，经后置处理自动生成特定机床设备的数控加工程序。

A. 图形接口　　　　B. 工程绘图　　　　C. 几何建模　　　　D. 数控编程

单元二　计算机辅助工程

学习目标

1. 知识目标：了解 CAE 的概念；掌握 CAE 的作用。
2. 能力目标：能理解 CAE 的内涵；能阐述 CAE 的作用。
3. 素养目标：通过本单元的学习，提升学生对所学专业的认知和兴趣，培养专业自信心。

相关知识

现代产品的设计开发要求在设计阶段就能较好地预测产品的技术性能，并在给定工况条件下对产品结构的静态强度、动态特性、温度场分布等技术参数进行分析计算。这些问题通常难以用常规数学方法解决。随着计算机技术和数值分析算法的应用与发展，有限元分析法、边界元法、优化设计、多体动力学等计算机辅助工程分析技术逐步形成，这些技术统称为 CAE 技术。

一、CAE 技术

1. CAE 技术的概念

CAE 通常是指应用计算机及相关软件系统对产品的性能与安全可靠性进行分析，对其未来的工作状态和运行行为进行仿真模拟，以便及早发现设计中的缺陷，验证所设计产品的功能可用性和性能可靠性。从广义来说，CAE 是 CAD 技术的一个组成部分，是对产品设计模型进行不断优化的设计活动。CAE 系统的功能模型如图 2-5 所示。

当前，CAE 技术一般用于如下设计领域。

（1）产品结构分析　应用有限元分析法对产品结构的静/动态特性、热变形、磁场强度等性能进行分析。分析过程包括自动划分有限元网格，建立有限元分析模型，进行有限单元求解计算，并输出产品在给定工况条件下的应力场、应变场、温度场等有限元分析结果。图 2-6 所示为叶轮的 CAE 结构分析。

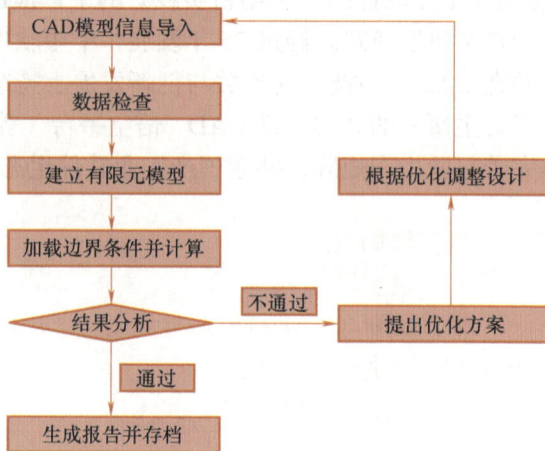

图 2-5　CAE 系统的功能模型

（2）优化设计　优化设计是现代产品设计中一种具有高速度、高性能和良好市场竞争力的技术手段。通过应用优化设计软件工具，对设计参数的改变，使产品的外形结构、体积、质量、强度、动态特性、热稳定性等设计指标达到最优化水平。

（3）仿真模拟　应用产品的实体模型及计算机动画技术，依据产品的实际工况要求，对产品的动态特性、静态特性和控制特性等进行仿真实验。通过仿真模拟可以预测产品性能，提前发现设计中的缺陷，以便及时修改和完善产品设计过程。图 2-7 所示为汽车的 CAE 模拟碰撞。

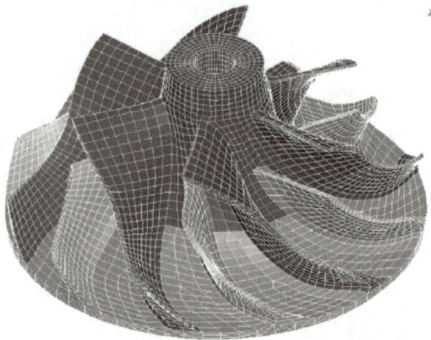

图 2-6　叶轮的 CAE 结构分析

图 2-7　汽车的 CAE 模拟碰撞

CAE 技术的应用可以在产品设计阶段尽早了解产品的性能，及时发现设计中的缺陷，有效避免将设计缺陷带入制造、装配、测试和使用阶段，从而避免随之而来的经济损失和时间浪费，大大节省产品的开发成本，缩短产品的开发周期。

2. CAE 技术的发展历程

CAE 技术的发展大多始于高端工业制造领域与工程实践的深度融合，其发展历程如图 2-8 所示。CAE 的概念最初出现在 20 世纪 60 年代，当时作为一种计算工具，用于帮助工程师进行复杂结构分析和优化设计。这一时期的 CAE 技术主要应用于航空航天和汽车行业，这些行业对产品的安全性和可靠性要求极高，需要通过精确模拟来保障。在 20 世纪 70 年代至 80 年代，随着计算机技术的进步，特别是大规模集成电路和微型计算机的出现，CAE 技术得到了极大的推动。这一时期，计算机图形学和

CAD 技术与 CAE 技术的结合，使得产品设计和仿真分析更加直观和高效。从 20 世纪 90 年代开始，CAE 技术开始广泛应用于更多的工业领域，逐渐成为缩短研发周期、降低成本的重要工具。进入 21 世纪后，CAE 领域拥有较强技术实力的公司在不断进行技术创新和产品升级。

我国 CAE 市场虽然起步晚于欧美，但在国家政策扶持和市场需求的双重推动下，国内 CAE 企业加速崛起，逐渐打破国际厂商的长期技术垄断格局。

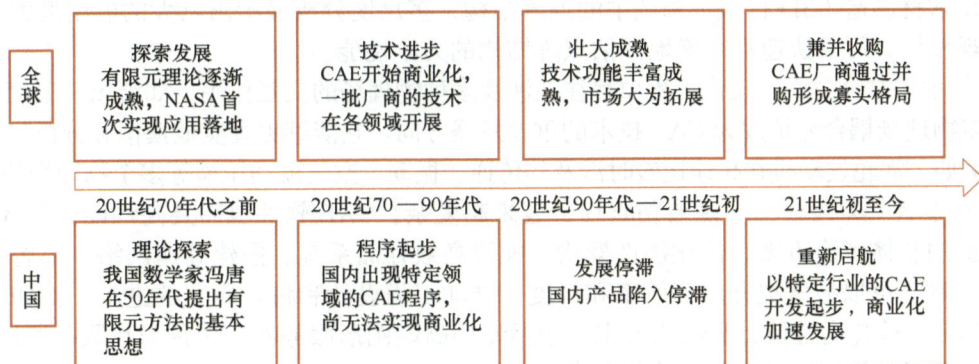

图 2-8　CAE 技术的发展历程

二、CAE 系统功能及趋势

1. CAE 系统功能

CAE 作为融合计算力学、计算数学、信息科学与计算机图形学的综合性技术体系，已成为支持工程创新的重要工具和手段。其通过计算机数值模拟突破传统实验局限，实现繁杂工况的精准解析：既能解决传统方法难以处理的非线性问题，又能将多层级工程分析流程标准化，显著提升研发效率与精度。

目前，CAE 技术已广泛地应用于船舶、汽车、飞机、能源、基建等领域其价值可以系统归纳为如下几个方面：

1）设计赋能：通过虚拟仿真优化结构合理性，试错成本降低 20%～40%。

2）周期压缩：在概念设计阶段预判性能瓶颈，减少 50% 以上的设计迭代。

3）决策支持：基于量化数据对比方案优劣，实现全生命周期可靠性预测。

4）资源集约：以数字样机替代物理试验，研发投入降低 30%～60%。

5）流程升级：集成化数据管理强化团队协作，构建正向设计能力。

机械工程领域的 CAE 技术主要包含如下功能范畴：

（1）有限元分析　有限元分析可分为静力学分析和动力学分析。静力学分析有各种线性与非线性结构的弹性、弹塑性、蠕变、膨胀、疲劳、断裂、损伤以及弹塑性接触在内的应力应变分析等；动力学分析包括各种线性与非线性动载荷、爆炸以及冲击载荷作用下的振动模态分析，交变载荷与谐波响应分析，随机振动分析，屈曲与稳定性分析等。

（2）优化设计　在满足设计、工艺约束条件下，对产品几何结构、工艺参数、形状参数等进行优化，使产品结构性能、工艺过程达到最优化。

（3）动态仿真模拟　应用运动学、动力学理论与方法，对运动机构和产品数据模型进行运动学、动力学仿真，检验机构可能存在的运动干涉以及产品性能的运行状态。

（4）在电磁场、电流场、热力场、流体场以及声波场领域的应用　它包括静态和交变的电磁场分析、电磁结构耦合分析、热传导分析、相变分析、热流耦合分析、静态和动态声波及噪声分析等。

2. CAE 技术发展方向

随着工业需求的提升和技术的进步，CAE 技术在多个行业中的应用越来越广泛，主要体现在以下发展趋势。

（1）软件一体化　随着对产品设计质量和速度要求的不断提高，仿真分析将更早地融入设计阶段。这要求 CAD 和 CAE 软件能够集成在一起，实现一体化操作。通过这种方式，可以加速设计迭代过程，更快速地优化产品的质量和性能，同时减少实物制样的成本，从而提高产品的市场竞争力。

（2）多尺度分析　随着新材料的广泛应用，传统的单一尺度分析已无法满足精确模拟的需求。多尺度分析成为解决这一问题的关键。多尺度分析是一种考虑多个长度和时间尺度的仿真方法，涉及大量且复杂的微观结构和多种物理场的交互作用。解决方法包括采用均质化技术和多尺度有限元分析方法。例如，在增材制造（3D 打印）领域中的点阵结构，多尺度分析显示出巨大的应用潜力。通过均质化分析和细观校核，可以快速且准确地评估点阵结构的力学性能。

（3）多物理场耦合分析　现代工程项目往往涉及多种物理场的交互作用，如流场、温度场、电磁场等。因此，多物理场耦合分析成为 CAE 技术的重要发展方向。它能够更真实地模拟和分析复杂环境下的产品行为。例如，涡轮发动机在高速运转时涉及热传递、振动、空气流动压缩等多个物理场的相互作用。

（4）高性能计算环境部署　随着仿真任务越来越复杂，CAE 软件也需要高性能计算环境的支持。通过选择合适的整体解决方案、优化硬件架构、配置高效存储系统、搭建高速网络、部署强大的软件系统和管理工具，可以显著提升仿真效率和精度，推动工程设计和科学研究的进步。例如中科曙光提供的 CAD/CAE 一体化高性能计算解决方案，包括专用高端图形服务器、多种刀片服务器以及 GPU 加速节点，全面满足从设计到仿真的一体化需求。

（5）云平台部署　利用云计算平台的优势，CAE 软件可以实现极简托管和快速部署。这种部署方式支持从源代码、软件包或容器镜像的快速部署，并能够实现自动弹性伸缩，以应对不可预测的用户访问流量。云平台还提供了强大的计算资源和存储空间，使得大规模模型计算和数据文件管理更为高效。

CAE 技术未来的发展方向显示出多元化和技术融合的趋势。这些发展不仅会增强 CAE 技术在传统工业领域的应用能力，还将使其在高科技和智能制造领域中发挥更大的作用。

【拓展阅读】

近年来，在工业信息化高速发展的背景下，CAE 软件的重要性在我国显著提升，企业在产品设计与生命周期各阶段对 CAE 软件的需求不断增加，其领域也日益广泛。同时，得益于制造业转型带来的大量需求，叠加国产化替代进程加速以及打击盗版力度的加大，国内 CAE 软件市场规模迎来爆发。数据显示，2024 年我国 CAE 软件行业市场规模突破 50 亿元，增速快于全球。国产化率也从 2022 年的 16.2% 提升至 2024 年的 20%。

知识巩固

一、填空题

1. CAE 通常是指应用计算机及相关软件系统对_____与_____进行分析，对其未来的工作状态和运行行为进行仿真模拟，以便及早发现设计中的缺陷，验证所设计产品的功能可用性和性能可靠性。

2. 通过应用优化设计软件工具，对_____的改变，使产品的外形结构、体积、质量、强度、动态特性、热稳定性等设计指标达到最优化水平。

3. 有限元分析可分为_____分析和_____分析。

4. 随着新材料的广泛应用，传统的单一尺度分析已无法满足精确模拟的需求。_____成为解决这一问题的关键。

二、选择题

1. CAE 的概念最初出现在（　　），当时作为一种计算工具，用于帮助工程师进行复杂结构分析和优化设计。

A. 20 世纪 60 年代　　B. 20 世纪 70 年代　　C. 20 世纪 90 年代　　D. 21 世纪后

2.（　　）是现代产品设计中一种具有高速度、高性能和良好市场竞争力的技术手段。

A. 产品结构分析　　B. 优化设计　　C. 仿真模拟

单元三　计算机辅助工艺设计

学习目标

1. 知识目标：了解 CAPP 的概念及内涵；掌握 CAPP 的作用。
2. 能力目标：能理解 CAPP 的内涵；能阐述 CAPP 的作用。
3. 素养目标：通过本单元的学习，培养学生将理论知识应用于解决实际问题中的能力。

相关知识

CAPP 是根据产品设计结果，通过人机交互或自动方式完成产品加工方法的选择和加工工艺规程的设计。一般认为，CAPP 系统的功能包括毛坯设计、加工方法选择、工艺路线制订、工序设计以及工时定额计算等。其中，工序设计又包含加工机床、工具、量具、夹具的选用，加工余量的分配，切削用量的选择以及工序图的生成等内容。

一、CAPP 技术

CAPP 技术起源于 20 世纪 60 年代。1969 年挪威推出了世界上第一套 CAPP 系统——AUTOPROS。该系统基于零件相似性原理，通过检索标准工艺并进行修改和编辑，生成新零件的工艺规程。20 世纪 60 年代末，美国开始研究 CAPP 技术，并由 CAM-I 公司推出了颇具影响力的 CAM-I's Automated Process Planning 系统。该系统应用成组编码技术，对零件进行编码，形成一个个零件族，然后构建各零件族的标准工艺，再由这些标准工艺派生出不同零件的加工工艺规程。1977 年美国普渡大学推出了创成式 CAPP 系统 APPAS。该系统通过决策树、决策表、人工能等决策逻辑，在无须人工干预的情况下可自动生成零件加工工艺规程，这将 CAPP 技术推向了一个新的台阶。

从 20 世纪 60 年代至今的半个世纪内，CAPP 技术得到了不断发展和提高，先后推出了不同层次、不同类型的 CAPP 系统，如检索式 CAPP 系统、派生式 CAPP 系统、创成式 CAPP 系统、智能型 CAPP 系统等。这些 CAPP 系统适用于不同的对象和不同的生产方式，在企业实际生产制造过程中发挥了重要作用。

随着信息技术和网络技术的快速发展，为更好地满足企业需求，CAPP 技术正向着集成化、通用化和智能化方向发展。

（1）集成化　在集成化方面，CAPP 不仅需要实现 CAD/CAPP/CAM 系统的集成化，还需要实现基于企业信息的集成化，如基于 ERP 的 CAPP 集成系统、基于 PDM 的 CAPP 集成系统等。在集成化制造大系统中，CAPP 发挥着信息中枢和调节作用，其与上游 CAD 系统实现产品信息的双向交流和传送，与下游生产调度系统和质量控制系统等不同的企业生产管理信息系统建立起内在联系。

（2）通用化　在通用化方面，由于各企业的工艺环境和管理模式千差万别，若使 CAPP 技术在不同企业更好地发挥作用，就必须将不同企业工艺设计中的共性信息和个性信息分开处理。通过建立通用 CAPP 系统的基本结构、基本工作流程和标准的用户界面，可以满足不同产品企业类型、不同生产规模、不同企业部门的工艺设计和工艺管理的基本需求。

（3）智能化　在智能化方面，现有 CAPP 系统的智能技术是应用决策树、决策表等方法进行工艺规程决策，但这类智能技术尚不能满足 CAPP 系统较宽范围的工艺决策需求。随着人工智能技术在计算机应用领域的不断渗透和发展，CAPP 系统的智能化要求也在不断提高。人工智能技术在知识获取、知识表达和知识处理方面具有独特的优势。可以预见，一批更为实用、更为成熟的智能 CAPP 系统在不久的未来将会出现，如 CAPP 专家系统、基于实例和知识的 CAPP 系统、基于人工神经网络的 CAPP 系统等。

工艺设计是制造企业技术部门的主要工作之一，其设计效率的高低和设计质量的优劣对生产组织、产品质量、生产率、产品成本、生产周期等均有较大影响。长期以来，传统产品制造工艺设计往往由工艺人员凭借自身经验通过手工方式完成。由于手工设计效率低，设计结果因人而异，难以取得最佳的工艺设计方案，难以满足当今制造业快速、高质量发展的生产需求。

应用 CAPP 技术能够迅速编制完整、详细、优化的工艺方案和各类工艺文件，可大大提高设计效率，缩短工艺准备时间，加快产品投放市场的进程，同时也为企业的科学管理提供可靠的工艺数据支持。

二、CAPP 系统功能

工艺设计是机械制造过程中生产技术准备的第一步，是决定产品加工方法、工艺路径和生产组织的一个重要过程。传统的工艺设计是由工艺设计人员根据产品的特点以及企业所拥有的制造资源和环境，通过手工方法来编制产品加工工艺规程及相关的工艺文件。这种方式劳动强度大，设计效率低，设计周期长，并且受人为因素影响较大，设计结果的一致性较差。

CAPP 技术作为 CAD/CAM 技术的重要组成部分，是连接 CAD 与 CAM 系统的"桥梁"，在制造自动化领域具有重要的地位，主要表现在以下方面：

1）可大大提高设计效率，缩短设计周期，提高企业对市场的快速反应能力及市场竞争力。

2）有助于对工艺设计人员长期积累的实践经验进行总结和继承。

3）利于对工艺设计方案的优化和标准化。

4）可将工艺设计人员从繁杂、重复性的劳动中解放出来，使其有较多的时间和精力从事更具创造性的工作。

5）便于企业信息的集成，有助于企业实施信息集成制造（CIM）、并行工程（CE）、敏捷制造（AM）等先进生产制造模式。

【拓展阅读】

2023 年 12 月 26 日，问界 M9 及华为冬季全场景发布会在深圳隆重举行。由赛力斯汽车与华为联合打造的全景智慧旗舰 SUV ——AITO 问界 M9 正式上市。这款备受瞩目的新能源汽车，不仅是赛力斯汽车和华为深度合作的成果，也是赛力斯合作伙伴天河软件在新能源汽车领域应用的典范。

作为一家致力于国产工业软件研发与应用的科技企业，天河软件一直以推动中国工业研发数字化进程为己任，持续创新，不断提升技术实力和服务水平。此次荣誉上榜，不仅是对天河软件过去一年来在工业软件领域取得成绩的肯定，更是对其未来发展的鼓励与鞭策。天河软件深植制造业近30 年，始终坚持自主创新，不断加大研发投入，致力于研发为企业生产赋能的国产工业软件。目前，天河软件的产品已覆盖 CAD、CAPP、PLM 等全流程工业设计领域，满足了企业从设计到制造的全链条需求。

知识巩固

填空题

1. CAPP 是根据产品设计结果，通过人机交互或自动方式完成产品的选择和_____的设计。

2. CAPP，即 Computer Aided Process Planning，其中文全称是_____。

3. _____是制造企业技术部门的主要工作之一，其设计效率的高低和设计质量的优劣对生产组织、产品质量、生产率、产品成本、生产周期等均有较大的影响。

4. 在集成化方面，CAPP 不仅需要实现 CAD/CAPP/CAM 系统的集成化，还需要实现基于_____。

5. CAPP 技术可大大提高_____，缩短_____，提高企业对市场的快速反应能力及市场竞争力。

模块三

现代加工技术

在生产制造过程中，现代加工技术广泛的应用，能够显著提升工作效率与产品加工精度。随着信息技术和计算机技术的飞速发展，高度柔性化、自动化的计算机控制生产设备应运而生。通过实施过程控制、准时生产、授权工作、质量管理等制造过程的创新，企业得以在不增加成本的前提下实现产品质量改进、产品种类拓展及市场响应速度提升。这些技术进步催生出兼具质量可靠性、个性化设计和成本优势的新型制造模式，如柔性制造、敏捷制造、快速成型及现代集成制造等现代制造体系，标志着制造业正朝着更智能、更灵活的方向发展。

单元一　数控加工技术

学习目标

1. 知识目标：了解数控加工技术的发展；掌握数控机床的组成部分及作用。
2. 能力目标：能理解数控加工技术的发展历史；能阐述数控机床各部分的组成。
3. 素养目标：通过本单元的学习，激发学生的好奇心和求知欲，树立学生不断创新的科学精神。

相关知识

数控加工技术是一种利用数字信息对机械运动和工作过程进行控制的技术。它融合了传统的机械制造技术、计算机技术、现代控制技术、传感检测技术、网络通信技术和光机电技术等多种技术手段，是现代制造业的基础技术，具有高精度、高效率和柔性自动化等特点，对推动制造业实现柔性自动化、集成化和智能化发展起着举足轻重的作用。

一、数控加工技术的发展

1. 数控加工技术的历史

1946 年电子计算机问世后，1948 年美国帕森斯公司受美国空军委托研发飞机零件加工技术，1952 年该公司与麻省理工学院联合研制出世界首台三坐标数控铣床（图 3-1），开启数控加工时代。

1958 年，北京北一德思凯机床工程技术有限公司（原北京第一机床厂）与清华大学合作，历时 9 个月研制出了 X53K1 三坐标数控机床（图 3-2），实现三轴联动，填补了国内的技术空白。

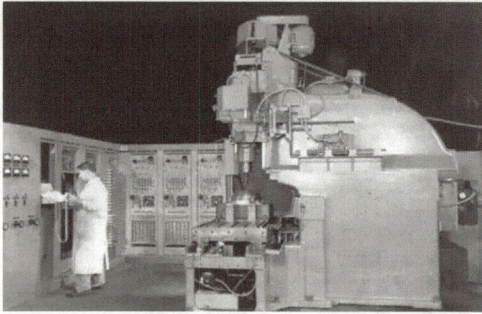

图 3-1　世界第一台三坐标数控铣床

图 3-2　我国第一台三坐标数控机床

随着晶体管和印刷电路板的应用，数控系统进入小型化、多功能化的发展阶段。在 20 世纪 60 年代末出现了由计算机直接控制多台机床的直接数控系统（DNC），又称群控系统。1974 年微型计算机数控装置问世，具有体积小、价格低、可靠性好的特点。20 世纪 80 年代初，实现了数控装置的人机对话式自动编制程序功能，具备自动监控和检测功能。21 世纪以后，数控系统向着高速、高精度、多轴联动和智能制造等方向发展。

2. 数控加工技术的趋势

数控加工技术给传统制造业带来了显著的变化，使制造业成为工业化的象征之一。在医疗、汽车等关键行业，数控技术的深入应用推动了行业的发展，其装备的数字化趋势已成为时代发展的必然。目前，全球数控加工技术及装备的趋势主要有以下几个方面：

（1）高速、高精加工技术　高速、高精加工技术可以极大地提升生产率和成品率，缩短生产周期，增强产品竞争力。

高速切削加工比常规切削的效率提高 5 ～ 10 倍，单位时间材料切除率提高 3 ～ 6 倍。在美国、德国、日本等工业发达国家，高速切削加工技术在大部分的模具公司都得到了广泛应用，85% 的模具电火花成形加工工序已被高速加工替代。

精密加工技术是高科技尖端产品开发的关键技术。加工精度小于 $0.01\mu m$、表面粗糙度值 Ra 小于 $0.01\mu m$ 的切削加工称为超精密切削加工。

（2）多轴联动机床及复合机床的发展　五轴联动数控机床是国家航空、航天、军事等战略产业及精密加工领域的关键设备，其加工效率是传统三轴联动机床的 2 倍，通过优化刀具轨迹可提升表面质量（$Ra \leqslant 5nm$）并降低加工耗时。技术进步显著降低了应用门槛。电主轴简化了复合主轴头的结构，CAD/CAM 技术的突破简化了编程流程。典型设备如 DMG 公司的 DMU 50（图 3-3）五轴联动加工中心的加工速度达到 20000r/min，回转摆动工作台一次装夹可实现五面加工和五轴联动；北京精雕科技集团有限公司的五轴联动加工中心（图 3-4）的主轴转速可达 16000r/min，表面粗糙度值 $Ra \leqslant 5nm$。

图 3-3　DMG 公司的五轴联动加工中心

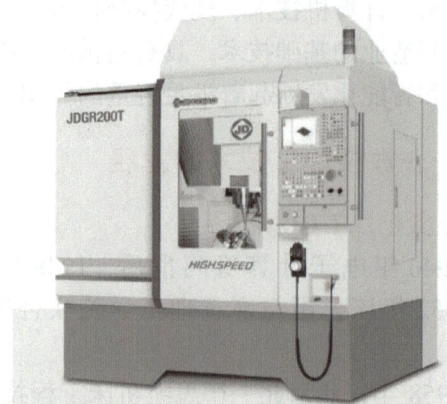

图 3-4　北京精雕科技集团有限公司的五轴联动加工中心

（3）智能化的发展 数控系统的智能化包含了数控系统操作维护时的方便直观性和数控系统的适应性。前者通过图形化界面实现编程可视化；后者具备环境预警和动态调整能力。数控系统智能化的主要发展趋势：自动识别加工特征并集成工艺规划；智能防碰撞与刀具实时监控；热变形自动补偿及位置误差修正；故障自诊断及自适应参数调整（如负载识别和模型匹配）。

随着控制技术、驱动技术和自适应技术的不断发展，数控系统正从体力替代逐步向脑力替代演进，逐步实现自主工艺规划、生产过程协同管理及智能维护。未来，更加深度融合的人机交互功能将推动数控技术迈向自主决策的新阶段。

二、数控机床

1. 数控机床的概念

数控机床（Computer Numerical Control，CNC）是通过数字化编码指令控制机床执行自动化加工的系统，典型设备包括数控车床、数控铣床、加工中心等。相较于依赖手动操作技能的传统机床，数控机床操作人员需具备较高的技术素养，数控机床的程序员精通机械制造工艺，掌握 G 代码编程和 CAM 软件应用，熟悉设备功能和加工参数优化。

2. 数控机床的组成

数控机床的组成如图 3-5 所示。

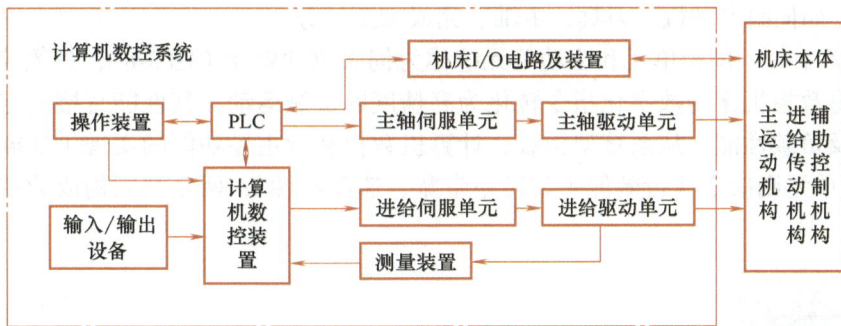

图 3-5 数控机床组成

（1）输入/输出设备 使用数控机床加工零件之前，需要将加工程序输入数控系统中，通过指令程序驱动数控机床执行相应动作完成零件加工，因此其数控系统必须配备专用的输入/输出通道。早期的数控机床采用穿孔纸带、磁带、磁盘等物理介质存储程序，现代的数控机床常用 U 盘、CF 卡等闪存设备，并集成 RS232 串行通信接口、工业以太网及 5G 无线通信技术实现程序的输入/输出，如图 3-6 所示。这些高速通信接口不仅是 CAD/CAM 集成技术的基础，更为柔性制造系统（FMS）和计算机集成制造系统（CIMS）提供数据交互支撑。

a) CF卡   b) 5G无线通信收发终端   c) 串行通信卡

图 3-6 常见控制介质及输入/输出装置

（2）操作装置　操作装置是数控机床人机交互界面（HMI）的核心组件，承担编程、操作、调试、参数设置及报警诊断等功能。

操作装置主要由显示装置、NC键盘、机床控制面板、手持单元等部分组成，如图3-7所示。

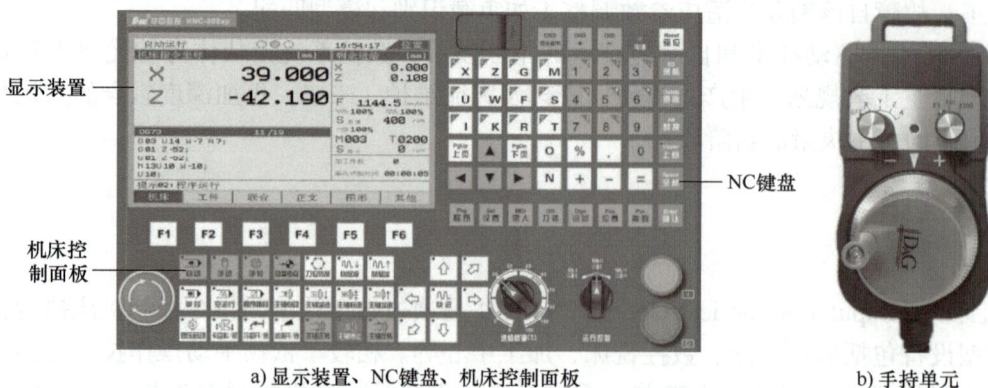

a) 显示装置、NC键盘、机床控制面板　　　　　　b) 手持单元

图 3-7　操作装置

（3）计算机数控装置　计算机数控装置是数控机床的核心控制单元，由专用计算机硬件（如CPU、存储器等）和数控软件组成。它的核心功能是将用户输入的代码转化为高精度的控制指令，驱动机床执行机构（如伺服电动机、刀具、主轴）完成加工任务。

（4）伺服驱动单元　伺服单元和驱动单元统称为伺服驱动单元（图3-8），是数控机床的核心动力执行机构，负责将数控机床的数字化指令转化为高精度的机械运动。其性能直接决定机床的动态响应速度、定位精度及负载性能。从系统架构看，计算机数控装置主导功能的实现（如插补运算、逻辑控制），而伺服驱动单元则决定执行效能（如转矩带宽、速度刚性），两者共同构成数控机床的"控制—执行"技术闭环。

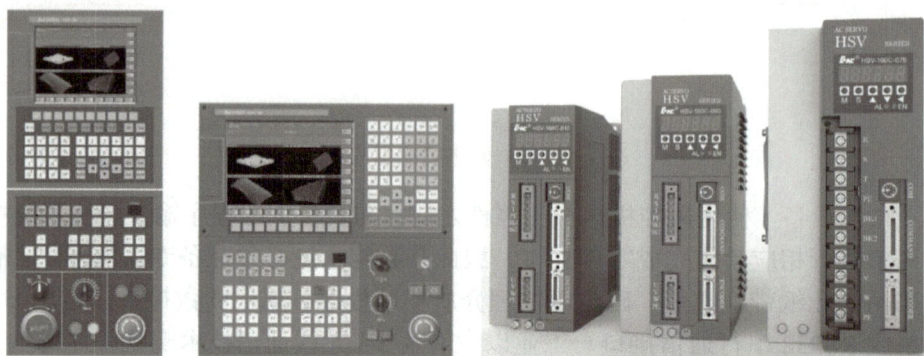

图 3-8　华中数控伺服驱动单元

（5）测量装置　数控（系统）机床按有无检测装置可分为开环和闭环数控（系统）机床。开环数控（系统）机床的控制精度由步进电动机的步距角精度和传动机构（如滚珠丝杠）的刚性及累积误差决定，无实时反馈补偿；闭环数控（系统）机床通过测量装置（如光栅尺、编码器）实时反馈位移信号，结合控制器对伺服电动机的精确调节，形成闭环控制，其精度由测量装置的分辨率、控制算法和机械系统动态特性共同决定。由此可见，测量装置（图3-9）是闭环数控机床实现高精度加工的核心组件，尤

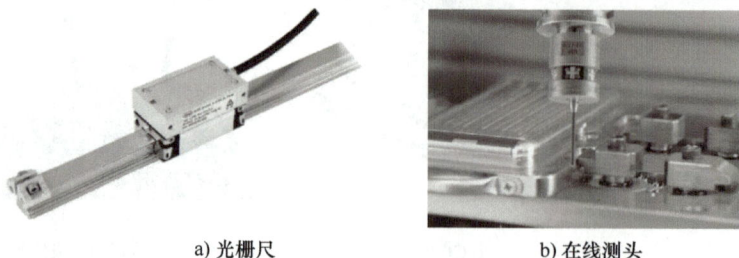

a) 光栅尺　　　　　　b) 在线测头

图 3-9　测量装置

其在航空航天、精密模具等领域的高性能机床中不可或缺。

（6）**机床本体**　机床本体主要由主运动机构、进给传动机构、支撑机构、特殊装置和辅助装置组成，其进给传动机构较普通机床更为简单，但对关键部件（如床身、导轨、主轴）的几何精度、静动态刚度、抗振性要求远高于普通机床。

三、我国数控加工产业的现状及发展思路

1. 我国数控加工产业的基本概况

中国机床工业用 60 余年完成了发达国家 200 余年的技术积累进程，加入世界贸易组织（WTO）后更实现跨越式发展。从 1949 年仅能生产 1600 台皮带简易机床起步，到 2008 年数控金属切削机床产量突破 12.2 万台，2022 年已达 30.7 万台。自 2009 年起我国连续 14 年保持全球机床产值第一，2022 年产业规模占全球 38%。

我国的机床工业经过高速发展已经具备相当规模，产品丰富、门类齐全，五轴联动加工中心等高端产品实现国产化突破。但核心技术仍存在显著差距，主要体现在以下方面。

1）基本性能方面：定位精度（国际 ±0.03mm，国产 ±0.08mm）。

2）复合能力方面：车铣复合设备国产化率不足 30%。

2. 我国数控加工产业的发展思路

《中国制造 2025》将高档数控机床列为战略必争领域之一，提出到 2025 年国内市场占有率超过 80%；《"十四五"智能制造发展规划》进一步明确研发智能立/卧式五轴加工中心、车铣复合加工中心等高精度装备，推进工业母机技术攻关。

我国制造业新一轮的产业升级将聚焦高速、高精、复合化智能化需求，突破多轴联动数控系统、精密减速器、高性能伺服电动机等"卡脖子"技术，提升国产高端机床可靠性及核心部件自主化率。"十五五"期间需强化科技创新与产业协同，深化智能制造与绿色制造融合，加速工业互联网、AI 大模型等技术在数控领域的应用，构建自主可控产业链。

【拓展阅读】

2012 年 4 月，沈阳飞机工业（集团）有限公司率先表态支持国产数控系统研发，成为航空领域首个国产高端数控系统试验基地。2013 年 2 月，其采用"华中 8 型"完成首台进口加工中心国产化改造，面对高价值飞机零件加工的高风险挑战，经一年的生产验证后数控系统稳定性获认可。此后，沈阳飞机工业（集团）有限公司追加 30 多台进口设备（包括 Forest-line 五坐标龙门铣床、双主轴龙门加工中心等）交给华中数控进行数控系统改造，累计运行 30 多万小时，成功支撑新型战机关键结构件加工并批量采购"华中 8 型"用于新机床。依托沈阳飞机工业（集团）有限公司的案例，"华中 8 型"在上海航天八院、航天三院、航天四院及东方电气集团东方汽轮机有限公司等高端制造领域实现规模化应用。2016 年国家"04 专项"启动国防军工换脑升级工程，计划以国产数控系统批量置换进口设备，首批覆盖十大军工集团近千台数控机床。作为核心供应商，武汉华中数控股份有限公司全面参与军工装备自主可控升级，提升工业信息安全水平。

知识巩固

一、填空题

1.＿＿＿＿＿＿是一种利用数字信息对机械运动和工作过程进行控制的技术。

2.＿＿＿＿＿＿可以极大地提升生产率和成品率，缩短生产周期，增强产品竞争力。

3.＿＿＿＿＿＿是通过数字化编码指令控制机床执行自动化加工的系统。

4.＿＿＿＿＿＿是数控机床人机交互界面（HMI）的核心组件，承担编程、操作、调试、参数设置及报警诊断等功能。

二、选择题

1. 第一台电子计算机诞生于（　　　）年。

A. 1945　　　　　　B. 1946　　　　　　C. 1949　　　　　　D. 1952

2. 加工精度小于（　　　）μm，表面粗糙度值 *Ra* 小于（　　　）μm 的切削加工称为超精密切削加工。

A. 0.1　　　　　　B. 0.05　　　　　　C. 0.01　　　　　　D. 0.001

单元二　柔性制造技术

学习目标

1. 知识目标：了解柔性制造技术的概念；掌握柔性制造系统的定义组成和作用。
2. 能力目标：能理解柔性制造系统的优点；能阐述柔性制造系统各部分的组成及其作用。
3. 素养目标：通过本单元的学习，激发学生自主学习动力，并厚植其服务国家发展的使命担当意识。

柔性制造
技术

相关知识

柔性自动化生产技术简称柔性制造技术，是以工艺设计为先导、数控技术为支撑的先进生产体系，通过自动化实现多品种、多批量产品的全流程加工、制造、装配、检测。柔性自动化生产技术的核心价值在于高效响应、灵活适配和快速部署能力，为精益生产、智能制造等现代制造模式提供底层技术支撑。

一、柔性制造系统概述

1. 柔性制造系统的定义

我国对柔性制造系统的定义：柔性制造系统（Flexible Manufacturing System，FMS）是由数控加工设备、物料运储装置和计算机控制系统组成的自动化制造系统，它包括多个柔性制造单元，能根据制造任务或生产环境的变化迅速进行调整，适用于多品种、中小批量生产。

美国国家标准局对柔性制造系统的定义：由数控机床、自动化传输装置（如 AGV/RGV）及中央控制系统构成，支持多类型零件混线加工。通过计算机协同调度工艺流与物料流，确保加工精度与效率（如同时加工多种异构零件）。

国际生产工程研究协会对柔性制造系统的定义：柔性制造系统是一个自动化的生产制造系统，在最少人的干预下，能够覆盖预设产品族全系列生产需求，系统的柔性范围通常受到系统设计时工艺数据库与设备兼容性的限制。

柔性制造系统的本质是由多个制造单元结合成一个大规模、高柔性的制造系统，能根据制造任务和生产品种的变化迅速进行调整的自动化制造系统。

2. 柔性制造系统的发展

英国莫林斯公司于 1967 年首次提出柔性制造系统的概念并研发"系统 24"，目标是无人化全天候连续加工，系统主要由六台模块化的多工序数控机床构成，因技术瓶颈与资金不足未实现完整构建。同年，美国的怀特·森斯特兰公司推出 Omniline I 系统，有八台加工中心和两台多轴钻床组成，采用固定节拍托盘传输，适用于少品种、大批量生产。

1976 年，日本发那科公司（FANUC）研制首套由加工中心和工业机器人组成的柔性制造单元（FMC），适用于中小批量多品种生产应用。

1982 年，日本发那科公司建成自动化电机加工车间，由 60 个柔性制造单元（FMC）一个立体仓库、两台自动引导台车和一个无人化电机装配车间，实现 24h 无人运转。这种自动化和无人化车间，是向实现计算机集成的自动化工厂迈出的重要一步。与此同时，还出现了一些只具有柔性制造系统的基本特征，但自动化程度不太高的经济型柔性制造系统，使柔性制造系统的设计思想和技术成果得到推广及应用。

1958 年清华大学与北一德里凯机床工程技术有限公司（原北京第一机床厂）合作研制出我国首台数控铣床，因核心部件（数控系统和液压系统元件）滞后未形成数控机床产业。直到"六五"至"八五"期间引进日本 FANUC 技术，消化吸收后建立我国完整的数控机床产业；同时自主开发了在数控单机基础上配置工件自动输送和托盘交换装置的 FMC，箱体加工 FMS 和板材冲压成型 FMS 等，并为国内汽车行业和摩托车行业研制了柔性自动化生产线，推进分布式数控（DNC）和车间信息管理技术。

二、柔性制造系统的组成及功能

1. 柔性制造系统的基本组成

FMS 本质上是由多个制造单元组合成一个大规模、高柔性、能为多品种中小批量的产品生产提供高效率、相对低成本的制造系统。通常由多工位的数控加工系统、自动化的物流系统和仓储系统，以及由计算机控制的信息系统构成，如图 3-10 所示。

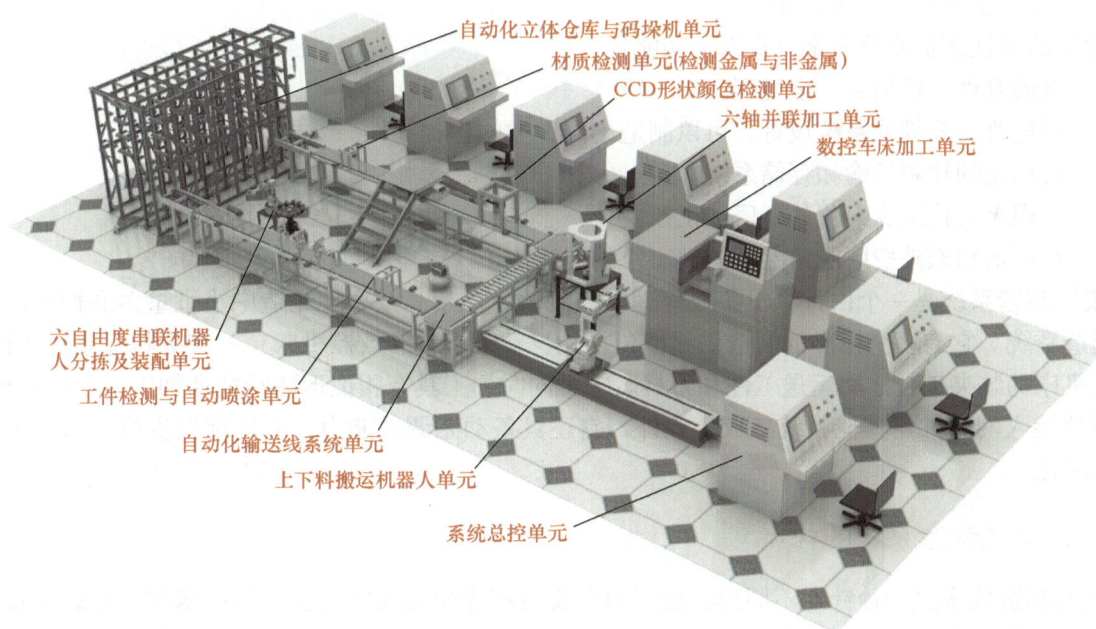

图 3-10 柔性制造系统

（1）加工系统 加工系统的功能是能以任意顺序自动进行各种工件的加工，具备自动更换工件、刀具、夹具的功能。通常由两台及以上的数控机床、加工中心、柔性制造单元及其他加工设备组成。

加工系统是柔性制造系统的基石，对加工系统的要求主要集中在以下几个方面：

1）控制能力要强，具备良好的可扩展性。
2）具有高性能、高精度、高加工速度、高刚度。
3）操作便捷易懂、加工可靠性良好、维护简便。
4）具有良好的环境适应能力及自我诊断的功能。

（2）物流系统 柔性加工系统的物流系统包含工具流和工件流，即物料储运系统。选择合理的物料储运系统可以提高整个系统的加工效率。按照物料输送路线的不同，可将物流系统分为直线式和环形输送式两类。

物流系统通常包含输送带、上下料机器人（图3-11）、AGV小车（图3-12）、托盘系统、交换工作台等机构，可以完成刀具、工件和原材料的自动装卸及储运。

图 3-11　上下料机器人

图 3-12　AGV 小车

（3）信息系统　信息系统包括过程控制及过程监视两个系统。过程控制系统进行加工系统及物流系统的自动控制（获取生产作业计划、工艺计划与加工程序、刀具准备、工装及毛坯准备、系统配置与数据核对等）；过程监视系统进行在线状态数据自动采集及处理（刀具状态监控、设备运行状态监控、工件加工状态监控及故障诊断与处理等）。

2. 柔性制造系统的主要功能

常见的柔性制造系统通常具有以下功能：

1）自动管理工件的生产全过程。

2）通过改变软件或系统设置，可以制造出同种类的多种零件。

3）自动化的物料运输和存储系统。

4）实现无人化或少人化的工厂加工条件。

5）在不增加额外费用的情况下实现工件的混线加工。

柔性制造系统是一个由计算机集成管理和控制的、用于高效率地制造中小批量多品种零部件的自动化制造系统。它有多个标准的制造单元，包括能自动上下料的数控机床；一套物料存储和运输系统，可以在机床的装夹工位之间运送工件和刀具。它可同时加工具有相似形体特征和加工工艺的多种零件，能方便地接入网络并与其他系统集成。此外，它还具备动态调度能力，在局部发生故障时，可动态重组物流路径。

三、柔性制造系统的优点

柔性制造技术是一种针对不同形状加工对象实现程序化柔性制造加工的技术群。它属于技术密集型领域，凡是侧重于柔性、适应多品种、中小批量（包括单件产品）加工的技术都属于柔性制造技术范畴。柔性可以表述为两个方面：一方面是系统适应外部环境变化的能力，可用系统满足新产品要求的程度来衡量；另一方面是系统适应内部变化的能力，可用在有干扰（如机器出现故障）的情况下，这时系统的生产率与无干扰情况下的生产率期望值之比可以用来衡量柔性。

从柔性制造系统的功能可以看出，其具备以下优点：

1）具有较强的柔性制造能力。由于柔性制造系统的组成对零件族（一组具有相似形状、尺寸、加工工艺和功能特征的零件）具有良好的适合性，能迅速重新组合生产同族零件而无需重新调整生产线。

2）提高设备利用率。零件可以随机插入柔性加工系统的空机床上，实现同一零件族中不同类型零件的同时生产。这减少了调整时间，缩短了生产周期，提高了生产的持续性和设备的利用率。

3）降低设备成本。提高每台机床的利用率，可以相应减少设备数量，也节约了设备安置场地，提高土地利用率。

【拓展阅读】

国内机床企业在第十二届 CIMT 机床展会上首次推出汽车领域柔性生产线，标志国产高端装备技术突破。

在展会上，大连机床集团展出的发动机缸套自动生产线是由数控车床、单轴立式镗床、数控珩磨机、桁架机械手和循环料道等组成的，以 80s 单件生产节拍实现毛坯到成品的全流程无人化，人员配置从 11 人减至 2 人，效率提高超 5 倍，设备选型、生产线布局、物流规划等环节实现全流程数字化管控。

作为国家首批智能制造试点示范企业，三一重工位于长沙的"18 号工厂"号称亚洲最大的智能化制造车间之一，通过柔性制造系统实现 8 条产线兼容 69 种产品的混装柔性生产，单线支持 30 多种不同型号设备并行生产。依托工业互联网和 MES 系统整合用户需求、工艺数据，动态优化资源配置。

2017 年一季度挖掘机产量达同期 4 倍，混凝土机械产能全面翻番，生产值承载能力达 300 亿元。

知识巩固

一、填空题

1. 柔性制造技术是以＿＿＿＿＿为先导、＿＿＿＿＿为支撑的先进生产体系，通过自动化实现多品种、多批量产品的全流程加工、制造、装配、检测。

2. 柔性制造系统通常由＿＿＿＿＿、＿＿＿＿＿以及由计算机控制的信息系统。

3. 信息系统包括＿＿＿＿＿及＿＿＿＿＿两个系统。

4. 柔性制造系统（FMS）的本质是由＿＿＿＿＿组合成一个大规模、高柔性、＿＿＿＿＿的产品生产提供高效率、＿＿＿＿＿的制造系统。

5. 物流系统中按照物料输送路线的不同可以分为＿＿＿＿＿和＿＿＿＿＿两类。

二、选择题

1. （　　）莫林斯公司于 1967 年首次提出柔性制造系统的概念并研发"系统 24"，目标是无人化全天候连续加工。

A. 美国　　　　　B. 俄国　　　　　C. 英国　　　　　D. 中国

2. 1958 年清华大学与原北京第一机床厂合作研制了我国第一台（　　）。

A. 数控车床　　　B. 数控铣床　　　C. 钻床　　　　　D. 磨床

单元三　敏捷制造技术

学习目标

1. 知识目标：了解敏捷制造技术的概念；掌握敏捷制造系统的体系结构；了解敏捷制造系统对社会的影响。

2. 能力目标：能理解敏捷制造系统的内涵；能阐述敏捷制造系统的体系结构。

3. 素养目标：通过本单元学习，引导学生突破传统思维定式，运用多维视角分析问题，并培养其发散性思维与创新实践能力。

相关知识

敏捷制造是指制造企业基于信息技术与网络化平台，通过动态整合技术资源、管理架构和人力资源，以有效和协调的方式响应用户需求，从而构建灵活、高效的生产体系。敏捷制造的目标是构建具

敏捷制造技术

备高度灵活性的生产系统，通过强化响应速率，缩短产品交付周期，提高企业在动态市场环境中的核心竞争力。

敏捷制造技术是指为实现敏捷制造理念所采用的一系列集成化技术体系，其核心是通过数字化、网络化和智能化手段构建快速响应市场变化的生产系统。

一、敏捷制造系统的概念及内涵

1. 敏捷制造系统的概念

20 世纪 90 年代，信息技术革新加速市场变革，许多国家制订了先进的制造计划旨在提高全球竞争力。1991 年里海大学提出敏捷制造概念后经三年研究于 1994 年发布《21 世纪制造企业战略》，首次提出利用计算机、信息集成和通信技术构建以动态联盟为基础的敏捷生产体系，即敏捷制造系统。该模式旨在建立能快速响应市场需求的新型制造组织，其核心定义为：在不可预测的竞争环境中，通过用户需求驱动的快速响应能力实现企业持续发展，成为替代传统大规模生产的新范式。

2. 敏捷制造系统的内涵

敏捷制造的目的可概括为：将柔性生产技术，有技术、有知识的劳动力与能够促进企业内部和企业之间合作的灵活管理集成在一起，通过所建立的共同基础结构，对迅速改变的市场需求和市场实际做出快速响应。从这一目标中可以看出，敏捷制造系统应包含三个要素，即生产技术、管理技术和人力资源。

（1）生产技术 具有高度柔性的生产设备是创建敏捷制造企业的必要条件。在产品开发和制造过程中，能运用计算机的算力和制造过程的知识基础，用数字计算方法设计复杂产品，同时能可靠地模拟产品的特性和状态，精确地模拟产品制造过程：开发新产品，编制生产工艺规程，销售产品。从原材料选用到成品制造再到报废的产品整个生命周期内，每一个阶段的代表都要参加产品设计。在缩短新产品的开发与生产周期中充分发挥技术的作用。

敏捷制造企业通过数字主线（Diqital Thread）实现全价值链集成。其核心特征包括：构建覆盖研发 - 生产 - 供应链的全链路数据闭环，消除部门间的信息孤岛；建立用户 / 供应商协同设计机制，将需求端直接连入产品开发流程；基于工业互联网平台实现系统无缝集成，通过容灾备份机制保障每周全天候连续运行。

（2）管理技术 敏捷制造企业应具有组织上的柔性。因为，先进工业产品及服务的激烈竞争环境已经开始形成，越来越多的产品要投入瞬息万变的世界市场上去参与竞争。产品的设计、制造、分配、服务将用分布在世界各地的资源（公司、人才、设备、物料等）来完成。制造公司需要满足各个地区的客观条件。这些客观条件不仅反映社会、政治和经济价值，还反映人们对环境安全、能源供应能力等问题的关心。在这种环境中，应采用具有高度柔性的动态组织结构。根据不同的工作任务，可以采取内部多功能团队形式，请供应者和用户加入团队；可以采取与其他公司合作的形式；可以采取虚拟公司形式。如果敏捷制造企业能有效地运用这些手段，就能充分利用公司的资源。

（3）人力资源 敏捷制造的人力资源管理范式强调在动态竞争的环境中，人员是关键因素。柔性生产技术和柔性管理应使敏捷制造企业的人员能够实现他们自己提出的发明和合理化建议。此类企业没有一成不变的运行原则，唯一可行的长期指导原则是提供必要的物质资源和组织资源，支持人员的创造性和主动性，从而最大限度地发挥人的主动性。敏捷制造企业中的每一个人都应该认识到柔性可以使企业转变为一种通用工具，这种工具的应用仅取决于人们对于使用该工具进行生产的想象力。敏捷制造企业的特性决定了它在人员管理上持有完全不同于大量生产企业的态度，管理者与雇员之间必须建立相互信赖的关系。

二、敏捷制造系统的结构

1. 敏捷制造系统的结构模型

较完整的敏捷制造系统不仅包括功能视图、信息视图、资源视图、组织视图和过程视图这五方面，还要考虑它的实现基础和保障。以技术基础和社会环境为保障，组织管理、功能设计、资源配置和信息系统为使能子系统的敏捷制造系统结构参考模型，可以完整地实施敏捷化工程。图 3-13 所示为敏捷制造系统结构的参考模型。在设计敏捷系统时，无论是针对一个企业还是仅针对其中的核心模块，都意味着设计一个具有变化特征的系统。因此，应有一个 RRS 设计标准，即具备可重构性（Reconfigurability）、可重用性（Reusability）和规模可调性（Scalability）。

图 3-13 敏捷制造系统结构的参考模型

2. 敏捷制造系统的结构描述

（1）敏捷制造的社会环境　良好的社会环境（包括政府的政策法规、市场环境和社会基础设施等）有助于提高企业的积极性，使其能够直接、平等地参与国际竞争。企业外部的市场环境要保证敏捷制造系统的物流、能量流、信息流和人才流等畅通无阻。

（2）敏捷制造的技术基础　成功实施敏捷制造，技术基础是关键，也是有力的保障。可以将敏捷制造的关键技术归纳为：信息服务技术、敏捷管理技术、敏捷设计技术、敏捷制造技术四类。

（3）敏捷制造的功能设计　敏捷制造的功能设计旨在设计和开发敏捷制造系统的各部分功能，推行敏捷管理思想、敏捷设计方法和敏捷制造技术。

（4）敏捷制造的组织管理　敏捷制造系统以动态联盟作为主要组织形式，采用以团队为核心的扁平化网络结构作为管理方式。

（5）敏捷制造的信息系统　敏捷制造信息系统是面向敏捷制造模式的、由分布于若干成员结点且具有独立自治和相互协同能力的信息子系统优化组合而成的系统。它应具备：快速构建能力、快速运作能力、快速重组能力和快速适应能力。

（6）敏捷制造的资源配置　在敏捷制造环境下，制造资源不再仅由单一企业的资源组成，而是由不同地域、不同企业的资源组成。针对敏捷制造系统资源所呈现的分布性、异构性和不确定性等特征进行资源配置，重新组织制造系统中的资源。

（7）敏捷制造的实施　敏捷制造是一个系统工程。在明确其存在的环境和所需的基础技术，并构造好了实施敏捷制造的各部分框架后，就可以采用一定的步骤、运用系统化的方法逐步推进。

三、敏捷制造系统的影响

竞争推动社会进步，但过度竞争会造成浪费。如今，合作已成为企业攻克关键技术的常用手段。随着产品越来越复杂，企业难以在短时间内独立完成产品的设计和制造，因此敏捷制造应运而生，改变了工业竞争的本质。在敏捷制造模式下企业间的关系（包括竞争对手、合作伙伴、供应商和用户）会随着项目动态变化，竞争和合作相互兼容。敏捷制造企业需抓住市场机遇，加大科研投入，增强创新能力，扩大创新队伍，推动科技进步。未来，敏捷制造企业对人员素质的高要求将促进教育的发展，科技和教育投入的持续增加，将推动人类的文明以空前的速度迈向新高度。

【拓展阅读】

海天轻纺的"敏捷制造"是一种类似自助餐的销售模式，即按照用户的需求提供服务，解决库存问题的同时快速应对缺货。其核心是对市场需求的快速反应：首先生产一部分成衣测试市场，然后依据销售情况决定是否补货。如果销售情况不理想，设计师可与客户互动改款。海天轻纺通过对生产经营全链条的信息化、智能化改造，引入数控生产线和信息化管理系统；在销售渠道方面依托电商和少量的实体体验店。改造后，车间日产量提高 2 倍，用工减少，成本降低，生产率和产品合格率大幅提升。

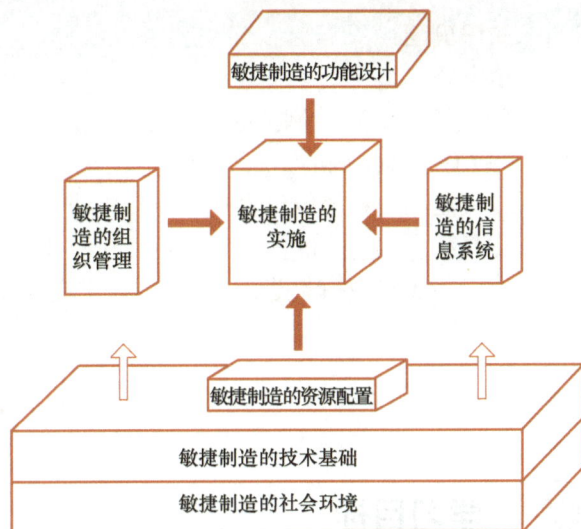

单元四　增材制造技术

学习目标

1. 知识目标：了解增材制造技术的发展及特点；掌握增材制造技术原理及制造工艺；了解增材制造技术的发展方向。

2. 能力目标：能理解增材制造技术的发展及特点；能阐述增材制造技术的原理。

3. 素养目标：通过本单元的学习，培养学生敢于尝试、不断创新的科学精神。

相关知识

增材制造技术
（二维码）

增材制造技术又称快速成型技术或快速原型技术，诞生于 20 世纪 80 年代后期。它集成了 CAD/CAM、逆向工程、数控技术和材料科学等多学科技术，能将设计思想快速、精确地转化为具有一定功能的原型，甚至直接制造出零件，被认为是制造技术领域的一次重大突破。

一、增材制造技术概述

1. 增材制造技术的发展

1902 年，Carlo Baese 开创光敏聚合物成型理论。1940 年，Perera 发明硬纸板分层构建三维地形图专利。1979 年，东京大学的中川威雄实现金属模具分层制造。光刻技术的发展加速增材制造技术突破。20 世纪 70 年代末到 80 年代初期，美国和日本企业相继提出逐层选区固化三维实体的概念。1984 年，Charles W.Hull 开发出首台光固化成型（Stereolithography Apparatus，SLA）设备的完整系统 SLA-1，1986 年获得专利并建立 3D System 公司。

1984 年，Michael Feygin 提出了分层实体制造（Laminated Object Manufacturing，LOM）技术，1990 年推出商用机型 LOM-1015。

从 20 世纪 80 年代中期至 20 世纪 90 年代后期，三维打印制造（Three-Dimensional Printing，3DP）、选择性激光烧结（Selective Laser Sintering，SLS）、熔融沉积成型（Fused Deposition Modeling，FDM）等十余种快速成型技术相继成熟，构建现代增材制造技术体系基础。

2. 增材制造技术的特点

快速成型是一种新型的成型技术，基于离散堆积成型思想，集计算机技术、数控技术、激光技术和材料科学等多种技术，是一种集产品设计与制造技术于一体的技术。它有如下特点：

1）增材制造技术可以制造复杂形状的三维实体，制造工艺与制造原型的几何形状无关，在加工复杂曲面时更显优越。成型过程中无须使用专用夹具、模具或刀具，简化了加工工艺。

2）增材制造技术可使用多种材料，包括金属和非金属材料。

3）增材制造技术的设计和加工高度一体化，加工模型由 CAD 建模直接驱动，具有直观性和易改性，为产品的后续设计和改良提供了优越的设计环境。

4）增材制造技术在加工过程中无须人员干预，是一种自动化程度很高的加工技术。

5）增材制造技术的加工周期短、成本低，特别是对于复杂形状零件的加工，其制造成本通常可降低50%，加工周期可缩短70%以上。

以上特点使得增材制造技术主要适用于新产品开发试样制作、复杂零件的单件及小批量制造、模具设计与制造、难加工材料的制造、外形设计检查、装配检验和逆向工程等。

二、增材制造技术原理及制造工艺

1. 增材制造技术的原理

增材制造技术是将计算机辅助设计（CAD）、计算机辅助制造（CAM）、计算机数字控制（CNC）、精密伺服驱动、激光技术和材料科学等先进技术集于一体的新技术。其基本构思是：任何三维零件都可以视为许多等厚度的二维平面轮廓沿某一坐标方向叠加而成。因此，依据计算机上构成的产品三维设计模型，先将CAD系统内的三维模型切分成一系列平面几何信息，对其进行分层切片，得到各层截面的轮廓。按照这些轮廓，激光束选择性地切割一层层的纸（或固化一层层的液态树脂或烧结一层层的粉末材料）或喷射源选择性地喷射一层层的黏结剂或热熔材料等，形成各截面轮廓并逐步叠加成三维产品。其基本原理如图3-14所示。

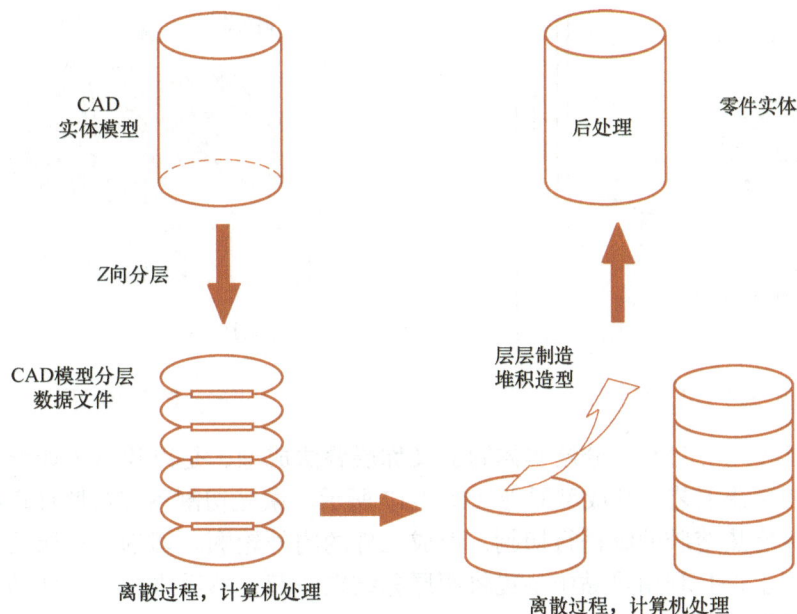

图 3-14　增材制造技术原理

2. 增材制造技术的制造工艺

根据实现路线的不同，可将增材制造技术的制造工艺分为：立体光固化成型工艺（Stereolithography Apparatus，SLA）、选择性激光烧结工艺（Selective Laser Sintering，SLS）、分层实体制造工艺（Laminated Object Manufacturing，LOM）、熔融沉积成型工艺（Fused Deposition Modeling，FDM）和三维打印制造工艺（Three-Dimensional Printing，3DP）。

（1）立体光固化成型（SLA）　立体光固化成型工艺是利用特定波长与强度的激光聚焦到光固化材料表面，使之按照由点到线、由线到面的顺序逐层凝固，完成一个层面的绘图作业。然后升降台在垂直方向移动一个层片的高度，再固化下一个层面，这样层层叠加构成一个三维实体。其工艺原理如图3-15所示。

SLA工艺过程为：首先通过CAD软件设计出三维实体模型，然后利用专门的程序对模型进行切片处理，生成的数据将精确控制激光扫描器和升降台的运动。激光光束在数控装置的控制下，通过扫描器按照设计的扫描路径照射到液态光敏树脂表面，使表面特定区域内的一层树脂固化，形成零件的一个截面；当一层加工完成后，升降台下降一定距离，固化层上覆盖另一层液态树脂，再进行第二层扫描，新固化层牢固地黏结在前一层上。这样一层层叠加，最终形成三维工件原型。将原型从树脂中取出后，进行最终固化，再经打光、电镀、喷漆或着色处理，即得到要求的产品。

（2）选择性激光烧结（SLS）　选择性激光烧结是一种采用激光有选择地分层烧结固体粉末的工艺，通过层层叠加固化层来生成所需形状的零件。SLS 的整个工艺过程包括 CAD 模型的建立及数据处理、铺粉、烧结以及后处理等环节。SLS 工艺的快速成型系统工作原理如图 3-16 所示。整个工艺装置由粉末缸和成型缸组成。工作时送粉缸活塞上升，铺粉辊将粉末均匀地铺在工作活塞上。计算机根据原型的切片模型控制激光束的二维扫描轨迹，有选择地烧结固体粉末材料，形成零件的一个层面。粉末完成一层后，工作活塞下降一个层厚，铺粉辊铺上新粉，激光束再次扫描烧结新层。如此循环往复，层层叠加，直到三维零件成型。最后，将未烧结的粉末回收到集粉缸中，并取出成型件。

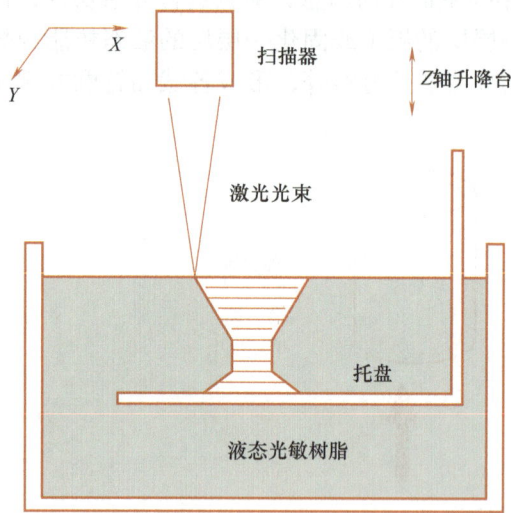

图 3-15　SLA 工艺原理

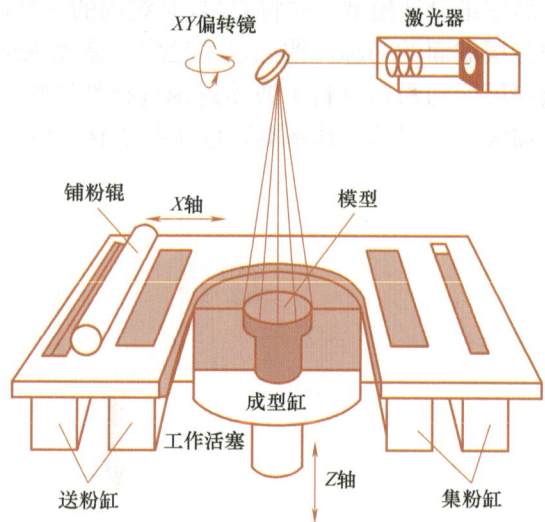

图 3-16　SLS 工艺原理

（3）分层实体制造（LOM）　分层实体制造又称层叠法成型，是以片材（如纸片、塑料薄膜或复合材料）为原材料的制造工艺。其成型原理如图 3-17 所示。激光切割系统按照计算机提取的横截面轮廓线数据，对背面涂有热熔胶的纸进行切割，形成工件的内外轮廓。切割完一层后，送料机将一层新的纸叠加到已切割层上，并利用热黏压装置将两层黏结在一起，然后进行下一层切割。这样一层层地切割、黏结，最终成为三维工件。

（4）熔融沉积成型（FDM）　熔融沉积成型使用丝状材料（如石蜡、金属、塑料、低熔点合金丝等）为原料。利用电加热方式，将丝材在喷头中加热至略高于熔化温度（约比熔点高 1℃），使其呈熔融状态。在计算机的控制下，喷头在 X—Y 平面内进行扫描运动，将熔融材料从供料端口喷头射出并涂覆在工作台上，冷却后形成工件的一层截面。一层成型后，喷头上移一层高度，继续进行下一层的涂覆。这样逐层堆积，最终形成三维实体。熔融沉积成型工艺不使用激光，因此成本较低且维护简单。用蜡成型的零件模型可用于失蜡铸造，而用塑料制造的原型具有较高强

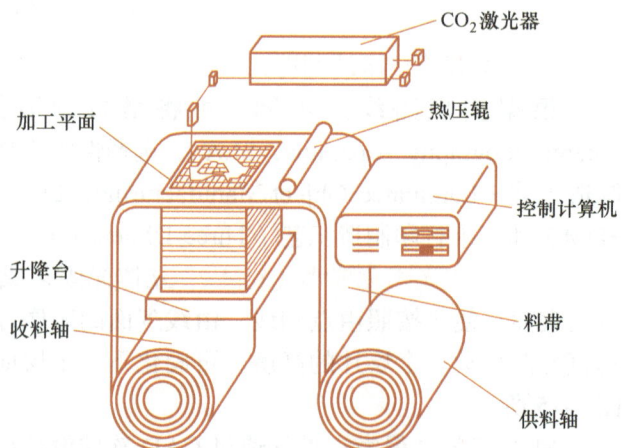

图 3-17　LOM 工艺原理

度，广泛应用在产品设计、测试与评估等领域。由于熔融沉积成型工艺具有显著优点，因此其发展极为迅速。

（5）三维打印制造（3DP）　三维打印制造工艺又称增材制造，是一种以数字模型文件为基础，运用粉末状金属或塑料等可黏合材料，通过逐层打印的方式构造物体的技术。三维打印通常采用三维（3D）打印机实现，常在模具制造、工业设计等领域用于制造模型，后来逐渐应用于一些产品的直接制造，目前已成功打印出零部件。2020 年 5 月 5 日，我国长征五号 B 运载火箭首飞成功，搭载了 3D 打印机进行我国首次太空三维打印制造实验，这也是国际上第一次在太空中开展连续纤维增强复合材料的三维打印制造实验。

三、增材制造技术的趋势

增材制造技术已经在很多领域获得了广泛的应用，其未来研究发展方向主要有以下几个方面：

1. 开发高性能材料

研究金属、陶瓷、塑料等各类材料（包括液态材料、薄层材料、粉末材料以及丝状材料），提升材料的加工性能和力学性能，发展复合材料、纳米材料等新型材料。

2. 提高加工速度

研发更快、支持多材料的快速成型系统，目标是直接用于产品制造，以满足大批量生产需求。

3. 开发高性能软件

改进分层切片算法，避免 STL 文件格式转换导致的数据丢失和台阶效应，开发基于特征的直接切片法、曲面分层法，即不进行 STL 格式文件转换，利用 CAD 原始数据直接切片的方法，提高数据处理速度和精度，减少由 STL 格式转换和切片处理过程所产生精度损失。

4. 提升成型精度

结合传统机械加工方法（如同车铣复合），可改善增材制造零件的尺寸精度及表面质量，缩小与传统加工的精度差距。

【拓展阅读】

华中科技大学机械科学与工程学院教授张海鸥团队突破性研发"智能微铸锻铣复合制造技术"，破解金属 3D 打印领域三大世界难题。

1）通过铸锻同步工艺实现锻态等轴细晶组织（晶粒度达 ASTM12 级），使钛合金构件抗拉强度突破 1250MPa，较传统锻造提升 15%。

2）首创五轴联动原位铣削技术，将复杂构件表面粗糙度值降至 Ra0.8μm，消除后处理工序。

3）开发多能场复合制造系统，使大型航空部件制造周期缩短 70%，成本降低 50%。

该技术获空客、GE 等国际巨头联合产业化应用，在新型战格钛合金接头、航空发动机双扭叶轮等关键部件制造中实现性能超越，标志着我国从跟跑到领跑高端增材制造的范式转变。

知识巩固

一、填空题

1. 1986 年，_____ 系统获得专利。

2. 增材制造技术主要适用于_____、_____及_____、模具设计与制造、难加工材料的制造、外形设计检查、装配检验和逆向工程等。

3. 增材制造基本构思是：任何三维零件都可以视为许多等厚度的_____沿某一坐标方向叠加而成。

4. 根据实现路线的不同，可将增材制造技术分为：_____、选择性激光烧结工艺、_____、熔融沉积成型工艺和_____。

二、选择题

1.立体光固化成型设备使用的原材料为（　　）。

A.光敏树脂　　　　B.尼龙粉末　　　　C.陶瓷粉末　　　　D.金属粉末

2.下列对于3D打印特点的描述，不恰当的是（　　）。

A.对复杂性无敏感度，只要有合适的三维模型均可以打印

B.对材料无敏感度，任何材料均能打印

C.适合制作少量的个性化定制物品，对于批量生产优势不明显

D.虽然技术在不断改善，但强度与精度与部分传统工艺相比仍有差距

3.不属于增材制造技术特点的是（　　）。

A.可加工复杂零件　　　　　　　　　　B.周期短，成本低

C.实现一体化制造　　　　　　　　　　D.限于塑料材料

单元五　绿色制造技术

学习目标

1.知识目标：了解绿色制造技术的基本概念；掌握绿色产品设计的研究内容及关键技术；了解绿色制造技术的发展趋势。

2.能力目标：能理解绿色制造技术的概念；能阐述绿色制造的关键技术。

3.素养目标：通过本单元的学习，培养学生环境保护意识和低碳发展理念，为构建可持续发展的世界贡献力量。

相关知识

传统制造业在应对生产过程中产生的废气、废水及固体废弃物等环境问题时，通常采用"末端治理"的污染处理方式。然而，这种方法的投资大、运行成本高，并且会持续消耗大量的能源和资源，无法从根本上解决环境污染问题。消除或减少工业生产对环境的污染关键在于实施绿色制造这种无污染、低消耗的新型制造模式。

一、绿色制造技术概述

1.绿色制造技术的概念

绿色制造（Green Manufacturing）又称环境意识制造（Environmentally Conscious Manufacturing）或面向环境的制造（Environmentally Responsible Manufacturing）。绿色制造技术是指在保证产品的功能、质量、成本效益的前提下，通过全生命周期管理实现环境效益的新型制造模式。其核心在于使产品从设计、生产、包装、运输、使用到回收处理的整个生命周期内，实现污染物排放量最小化，资源利用高效化，并确保符合环境保护标准。制造系统对环境的影响是复杂且多方面的，涉及资源消耗、能源使用、污染排放、废弃物处理等环节，如图3-18所示。

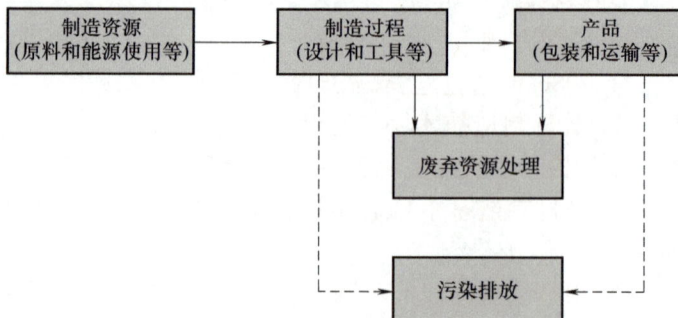

图3-18　制造系统对环境的影响

2.我国绿色制造技术的发展

我国的绿色制造研究可划分为四个

阶段（图3-19）：

（1）1997年至2006年，**理论探索与学术跟进**　此阶段以高等院校和科研院所为主导，在国家初步政策引导下，主要聚焦国际国际绿色制造理论前沿的跟踪研究，为后续技术攻关奠定学术基础。

（2）2006年至2010年，**关键技术攻关与装备研发**　国家科学技术部通过"十一五"国家科技支撑计划，设立"绿色制造关键技术与装备""重点行业节能低耗机电产品与装置关键技术研究""工业电机及典型泵阀节能关键技术研究"等项目，系统推进绿色设计、传统工艺绿色化改造、再制造技术等研究，成功开发多类节能装备，取得近百项专利及技术创新成果。

（3）2011年至2014年，**生命周期管理与体系化建设**　依据《"十二五"绿色制造科技发展专项规划》（国科发计〔2012〕1号），重点突破产品全生命周期评价（LCA），进行绿色设计、节能减排工艺、生产工艺绿色化、制造过程碳排放优化、工业废弃物无害化回收处理、绿色回收资源化与再制造、绿色制造技术标准等方面的关键共性技术研究和应用。

（4）2015年至今，**顶层设计与全面绿色转型**　国务院印发《中国制造2025》（国发〔2015〕28号），明确提出了绿色发展的基本方针，全面推行绿色制造，加大先进节能环保技术、工艺和装备的研发力度，加快制造业绿色改造升级；积极推行低碳化、循环化和集约化，提高制造业资源利用效率；强化产品全生命周期绿色管理，努力构建高效、清洁、低碳、循环的绿色制造体系。

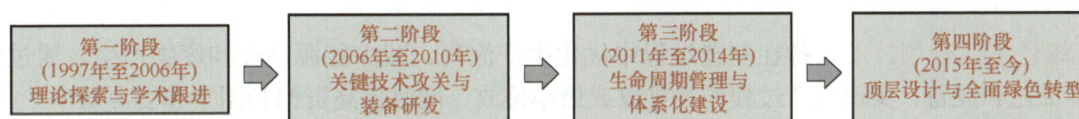

图3-19　我国绿色制造的发展

二、绿色产品设计的研究内容及关键技术

1. 绿色产品设计的研究内容

绿色产品设计的研究内容如图3-20所示。

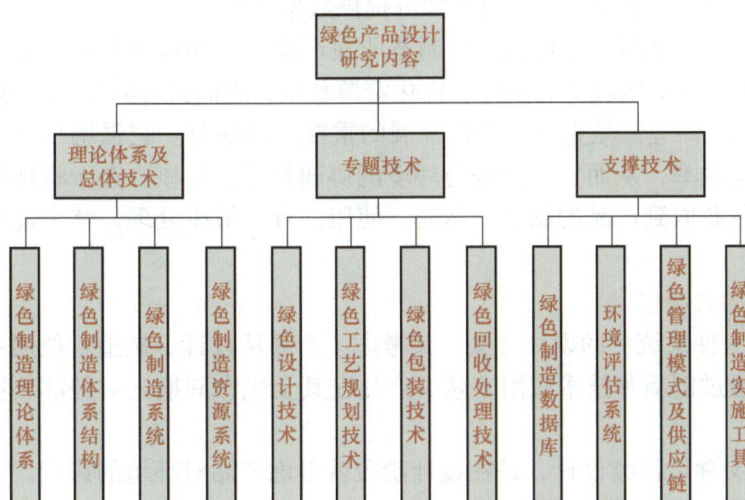

图3-20　绿色产品设计的研究内容

（1）**绿色产品设计理论体系及总体技术**　绿色产品设计理论体系及总体技术是从系统的角度出发，从全局的角度研究绿色制造理论体系、绿色制造体系结构、绿色制造系统和绿色制造资源系统。

1）**绿色制造理论体系**包括绿色设计与制造技术、绿色标准体系、政策和市场化促进机制等，旨在推动制造业实现低消耗、低排放、高效率、高效益的现代化制造模式。绿色制造的理论体系涵盖了从理念到实践的多个方面，其核心是在制造业中全面考虑环境影响和资源效率，通过一系列技术和管理手段，实现产品全生命周期的环境友好性和资源高效利用。

2）**绿色制造体系结构**包括绿色产品、绿色工厂、绿色供应链、绿色工业园区等，它涵盖了产品全生命周期的所有环节，从设计理念、原材料选用、制造过程、使用过程到废弃物的处理与再利用。其核心在于通过科技手段创新和管理方式创新，实现制造业的低碳转型和高效运行。

3）**绿色制造系统**是一种现代化的制造模式，对环境的负面影响最小化，提高资源利用率，实现经济和社会效益的协调发展。绿色制造系统可实现企业和生态环境的整体优化，涉及绿色设计、产品全生命周期管理及物流过程等外延。

4）**绿色制造资源系统**是指在绿色制造模式下，对资源进行有效管理和配置的系统。该系统聚焦于资源的高效利用和循环利用，旨在实现产品全生命周期中资源利用的最优化及对环境影响的最小化。

（2）**绿色产品设计专题技术**　绿色产品设计专题技术贯穿了产品从设计、材料选择、生产、包装到废弃物处理的全生命周期主要包括绿色设计技术、绿色工艺规划技术、绿色包装技术和绿色回收处理技术。

1）**绿色设计技术**是在产品设计阶段融入环保和资源高效利用的理念，通过优化设计来降低产品在其全生命周期内对环境的负面影响。其中，绿色材料的选择是关键环节。在选择绿色材料时，需要综合考量产品的功能、质量和成本等多方面因素，不能仅限于材料的绿色属性。

2）**绿色工艺规划技术**是指在制造过程中优化生产流程，减少能源消耗和废物产生。通过应用高效的生产工艺和设备，实现生产过程的零排放或最小排放，同时提高资源利用率和能源效率。

3）**绿色包装技术**是采用可回收、可降解或环保材料进行产品包装，减少包装体积和重量，降低运输过程中的能耗和排放。同时，优化回收系统和再利用包装系统的设计，推动减少包装废弃物的产生。

（3）**绿色产品设计支撑技术**　绿色产品设计支撑技术是一项全方位、多维度的系统工程，旨在构建一个能实现产品全生命周期环境影响最小化、资源利用率最大化的技术体系。

1）**绿色制造数据库**是一个涵盖绿色制造相关理论、技术、案例以及政策法规的综合信息资源库，能为绿色设计、材料选择、工艺规划及回收方案等提供数据支撑。

2）**环境评估系统**是一个用于量化和评价制造业在环境管理和资源利用方面表现的综合体系。借助该系统，可以有效推动企业实现节能减排、优化资源利用，进而提升其整体的绿色发展水平。

3）**绿色管理模式及供应链**是企业可持续发展的重要组成部分。它强调在供应链的各个环节中综合考虑环境影响和资源效率，从而实现经济与环境的协调发展。其核心在于将环境保护意识融入供应链管理中，从原材料的获取到产品的制造、运输、使用，直至报废处理，整个过程中都注重对环境的保护。

2. 绿色产品设计的关键技术

绿色产品设计是一种系统化的设计方法，其考虑了产品从设计、制造、使用到废弃的全过程中对环境和资源的影响。通过创新和技术应用，减少产品在其全生命周期内对外部环境的影响。其关键技术有以下几点。

（1）**生态设计**　又称可持续设计，是在设计阶段就考虑产品对环境的影响。其目标是减少资源消耗、降低污染物排放、提高产品的可回收性和再利用性。

（2）**模块化设计**　模块化的产品设计可以减少维修和更换成本，延长产品使用寿命，同时也便于回收再利用，减少对环境的污染。

（3）**清洁生产技术**　清洁生产技术是一种旨在减少污染物产生、降低环境风险的技术方法。它涵盖了从源头削减污染、提高资源利用率到促进可持续发展的各个方面。

（4）**数字化设计与仿真**　利用计算机辅助设计（CAD）软件和计算机辅助工程（CAE）软件进行产品设计和仿真，可在设计阶段预测产品性能，优化设计方案，减少物理原型的需求，从而降低资源浪费和环境影响。

（5）绿色包装　绿色包装是一种在包装产品全生命周期中，对人体健康和生态环境危害小、资源和能源消耗少的包装方式。通过科学合理的设计及可降解或可回收的包装材料，减少包装体积和重量，降低运输过程中的能耗和排放，实现低碳、节能、环保和安全的目标。

三、绿色制造技术的趋势

在全球环保意识日益增强的背景下，绿色制造已成为制造业发展的必然趋势。

1. 绿色制造的全球化和社会化

绿色制造的理念和实践正在全球范围内推广和应用。随着全球对环境保护和可持续发展的日益重视，绿色制造已成为国际制造业的共同追求。国际标准化组织（ISO）等机构制定了一系列绿色制造相关标准和认证体系，如 ISO 14000 环境管理体系标准等，为全球绿色制造提供了统一的标准和规范，促进了绿色制造技术的国际交流和贸易合作。

同时，绿色制造的社会化趋势愈发明显。社会各界对绿色产品的需求和认可度不断提高，有力地推动了绿色制造产业的快速发展。绿色制造的实施需要全社会的共同参与和支持。公众通过购买绿色产品、参与环保活动等方式，为绿色制造的发展提供了强大的社会支撑。

2. 绿色制造的集成化和产业化

绿色制造趋向于集成化，即将绿色设计、绿色材料、绿色工艺、绿色包装、绿色回收等各个环节有机集成，形成一个完整的绿色制造体系。这种集成化不仅显著提高了资源利用率，还有效降低了环境污染。同时，绿色制造正在逐步实现产业化。随着绿色制造技术的不断成熟和推广应用，其产业规模不断扩大，形成了庞大的绿色制造产业集群。消费者环保意识的提高和绿色消费观念的普及，使得市场对绿色产品的需求不断增长，为绿色制造产业化提供了广阔的市场空间和发展机遇。

3. 绿色制造的智能化与数字化

绿色制造的智能化与数字化是实现制造业可持续发展的关键手段。在全球倡导绿色发展和低碳生活的背景下，推动制造业向智能化、数字化转型已经成为不可逆转的趋势。这不仅是全球环保和资源高效利用的需要，也是制造业自身转型升级、提升全球竞争力的内在要求。

我国政府高度重视制造业的绿色化发展。《工业和信息化部等七部门关于加快推动制造业绿色化发展的指导意见》明确了到 2030 年制造业绿色低碳转型的主要目标和具体措施，强调了推进产业结构高端化、能源消费低碳化等多个方面的转型，彰显了国家对推动制造业绿色化发展的坚定决心。同时，《"十四五"工业绿色发展规划》提出，以数字化转型驱动生产方式变革，明确要采用工业互联网、大数据、5G 等新一代信息技术赋能绿色制造。这些政策措施为绿色制造的智能化与数字化提供了清晰的方向和强有力的支持。

从技术应用层面看，数字技术在优化能源使用效率、提升研发创新能力、改进生产工艺等方面发挥着至关重要的作用。数字化能够使生产经营过程更加"自动化"和"精准化"，大幅降低绿色转型的成本，逐渐成为制造业企业绿色转型的新动能。例如，通过实时采集和分析生产数据，企业可以更精准地控制物料投入，减少浪费和消耗；利用数字技术优化能源管理策略，不仅可以降低能源消耗，还能提升能源使用效率。

4. 绿色制造的低碳化和循环化

绿色制造的低碳化和循环化体现了对环境保护和资源利用的深度关注。在全球应对气候变化和环境恶化的挑战中，采取低碳化和循环化的绿色制造方式已成为必然趋势。这一过程涉及能源消耗的降低、碳排放量的减少以及资源的高效循环利用。低碳化是指在生产过程中最大限度地减少温室气体（主要是二氧化碳）的排放，可以通过使用可再生能源、优化生产工艺、提高能源利用率等方式实现。循环化则侧重于资源的再利用和回收，推动工业固废综合利用和主要再生资源回收利用量的增加。绿色制造的低碳化和循环化的生产方式有助于实现经济、社会和环境的协调发展。

绿色制造的发展趋势呈现出全球化、社会化、集成化、产业化、智能化与数字化、绿色低碳化与循环化等特点。这些趋势将共同推动绿色制造产业向更高水平发展，并为全球可持续发展做出重要贡献。

【拓展阅读】

截至 2024 年，我国累计创建国家级绿色工厂 3616 家、绿色工业园区 267 个、绿色供应链管理企业 403 家，覆盖产品全生命周期的绿色设计产品推广量近 3 万个，构建起多层次绿色制造体系。以 2024 年度新增为例，工信部新认定绿色工厂 1382 家、绿色工业园区 123 个、绿色供应链管理企业 126 家。

工业是实现"双碳"目标的重要领域。从 2017 年开始，工信部从国家、省、市三个层面每年遴选绿色制造名单，加快绿色制造体系构建。以创建绿色工厂、开发绿色产品、建设绿色工业园区和构建绿色供应链为牵引，积极推动传统产业绿色低碳改造升级，大力发展绿色低碳产业，不断提高能源资源利用效率和清洁生产水平。

厦门累计创建国家级绿色工厂 81 家、绿色供应链企业 14 家，2024 年新增 27 家企业入选，包括 ABB、友达光电等供应链管理标杆企业，其通过屋顶光伏、智慧能源平台等技术实现园区 50% 绿电替代。陕西以 198 家国家级绿色工厂位列西部第一，通过碳达峰试点工程推动零碳工厂建设，绿色工厂产值占比超 30%。

知识巩固

填空题

1. 消除或减少工业生产对环境的污染关键在于实施_____这种无污染、低消耗的新型制造模式。

2. 绿色制造在我国的研究分为_____、_____、_____、_____四个阶段。

3. 绿色产品设计的关键技术：_____、_____、清洁生产技术、数字化设计与仿真、绿色包装。

4. 在全球环保意识日益增强的背景下，_____已成为制造业发展的必然趋势。

5. 低碳化是指在生产过程中最大限度地减少_____的排放。

单元六 现代集成制造系统

学习目标

1. 知识目标：了解现代集成制造系统的发展过程；了解现代集成制造系统的结构；掌握现代集成制造系统的特点及发展。

2. 能力目标：能理解现代集成制造系统的发展；能阐述现代集成制造系统的结构组成；能说明现代集成制造系统的特点。

3. 素养目标：通过本单元学习，培养学生的系统性思维与整体认知能力，使其能够运用多维度视角综合地分析问题、统筹制定解决方案。

相关知识

现代集成制造系统（Computer Integrated Manufacturing System，CIMS）是将信息技术、先进管理技术和现代制造技术相结合，应用于企业产品全生命周期，通过信息的集成与过程的优化实现物流、信息流的集成和优化运行，从而提高企业的市场竞争力。

一、现代集成制造系统概述

1. 现代集成制造系统的概念

现代集成制造系统是在计算机集成制造的基础上发展起来。1974 年，美国约瑟夫·哈灵顿首次提出了计算机集成制造的概念。其主要观点是企业生产的各环节是一个不可分割、紧密连接的整体，包括从市场调研、产品研制、加工制造、公司经营管理到售后服务等都需要统一考虑。整个生产过程是一个数据采集、整理、传输、再处理的过程。

现代集成制造系统是基于计算机集成制造理念构建的现代制造系统，其包括了信息集成、过程集成和企业集成。它以生产自动化、信息智能化和制造现代化为基础，通过计算机将企业生产活动所需的各要素有机集成，以适应多品种、个性化的生产需求。该系统能保持高生产率、高柔性等特点。

2. 我国对现代集成制造系统的贡献

经过多年的发展研究，我国在现代集成制造系统的开发应用上走出了一条具有中国特色的道路，其主要特点主要如下。

1）理念与内涵丰富。提出现代集成制造系统是一种数字化、智能化、信息化、自动化、集成优化的制造系统，其目标是改善企业时间（T）、质量（Q）、成本（C）、服务（S）和环境友善性（E），使企业提高柔性和敏捷性，增强市场竞争力。

2）系统发展模式的应用。我国按照系统发展模式开展现代集成制造系统的研究与应用。在一定的单元技术基础上，强调发展系统技术，以系统技术的发展带动单元技术的进步，运用系统的观点和方法研究和应用现代集成制造系统，并通过实践促进系统学科与计算机学科、机械制造学科、管理学科等相互渗透，实现协同发展。

3）理论与实际的紧密结合。我国的现代集成制造系统注重理论技术研究与企业实际应用相结合。在应用示范工程、关键技术、目标产品发展和基础研究四个层次上实现协调发展，提高企业的竞争力，推进经济发展。这不仅促进了现代集成制造系统技术的研究、开发、应用和落地，促进了产业的发展，并总结出一套适合我国国情的、行之有效的实施方法与技术。

二、现代集成制造系统的组成

一般的现代集成制造系统由经营管理信息系统、设计自动化系统、制造自动化系统和质量保证系统四个功能性分系统以及数据库和计算机网络两个支撑分系统组成。

在实施现代集成制造系统的过程中，企业并不需要同时实现这六个分系统。由于每个企业的基础和所处环境不同，企业可根据自身具体需求和条件，在现代集成制造系统思想的指导下，合理地进行局部实施或分步实施，以达到所需目标。这六个分系统的主要功能如下。

1. 经营管理信息系统

经营管理信息系统是企业在管理领域中应用技术系统的总称。它以计算机集成制造为指导理念，从企业制造战略出发，将企业内各个管理环节有机结合起来，实现经营决策、计划管理、办公自动化、销售管理、生产管理、车间任务及作业管理、新品开发、物料供应等功能模块的集成，从而使企业能合理安排生产，降低生产成本，提高服务质量，增强企业的竞争力。

2. 设计自动化系统

设计自动化系统是指在产品的开发设计过程中引入计算机技术，使产品开发过程更加优质、高效和自动化。通常的产品开发活动包括市场调研、前期概念确定、工程设计、结构分析、工艺设计及生产制造过程中的数控编程、组装装配等一系列过程，涉及计算机辅助设计（CAD）、计算机辅助工程（CAE）、计算机辅助工艺规划（CAPP）、计算机辅助编程等子系统。这些子系统之间需要通过现代集成制造系统进行信息交换，以实现整个制造系统的信息集成。

3. 制造自动化系统

制造自动化系统由制造设备、工具和量具、人员等信息以及相应的系统结构和组织管理模式组成。它是现代集成制造系统中信息流和物流的汇总点，也是产生最终效益的聚集点。制造自动化系统主要包括制造设备子系统、物料运输存储子系统、制造过程生产计划与控制子系统等。制造自动化系统的作用是实现多品种、中小批量产品的柔性化自动化生产；实现低成本、短周期、高质量、高效率的生产模式，提高企业竞争力；为员工提供安全舒适的作业环境。

4. 质量保证系统

质量是企业在激烈的市场竞争中生存的保障。质量保证系统是一个保证产品质量的全企业范围的系统。质量保障工作从产品设计开始，贯穿制造过程中的生产设备、加工工艺及人员能力的选择和确定，同时监控生产和运输过程中影响产品质量的操作。该系统的目标在于保证用户对产品的需求在实际生产的各个环节中得以实现。

5. 数据库系统

在现代集成制造系统环境下，各个功能系统的数据库要在一个统一的数据库系统里进行存储，以满足各系统信息交换和共享的需要。数据库系统通常采用集中与分布式相结合的体系结构，以保障数据的安全性、一致性和可维护性。

6. 计算机网络系统

计算机网络系统为现代集成制造系统中信息的传递、交互和共享提供通信和控制，是信息集成的载体。通过计算机通信网络，将分布的各个功能系统的信息联系起来，实现共享和交互。目前，现代集成制造系统一般以互联的局域网为主，如果企业有多个生产厂区和研究中心，则可通过远程网络进行互联。计算机网络系统的实施原则为实用、安全、可靠、经济，并注重标准化和可升级性。

三、现代集成制造系统的趋势

1. 集成化

现代集成制造系统已经从企业内部的信息集成和功能集成发展到过程集成，并逐步迈向企业间集成阶段。这一转变旨在适应经济全球化，构建全球制造模式。通过解决资源、信息、虚拟制造、并行工程、网络等集成化问题，系统能快速、经济地响应市场变化。

2. 智能化

智能化是制造系统在柔性化和集成化基础上的延伸。智能制造系统是智能化制造模式的基础，它既是智能和技术集成的应用环境，也是智能制造模式的载体。制造技术的智能化突出体现在制造环节中借助人工智能进行分析、判断、推理、构思和决策，取代或延伸制造环境中人的部分脑力劳动，使人能投入到更高阶的产品开发设计中。

3. 网络化

网络化是现代集成制造技术发展的必然选择。其发展由两个因素决定：一是生产组织变革的需要，二是生产技术发展的可能性。在制造业市场竞争中，采购成本，产品更新速度，市场需求，客户订单生产方式以及全球制造所带来的冲击等，都促使企业避免传统生产组织带来的一系列问题，催生了生产组织的深刻变革。通过网络，企业可以在产品设计、制造与生产管理等活动中乃至整个业务流程中充分享用有关资源，快速调集、有机整合、高效利用制造资源，集中力量发展自己最具竞争力的核心业务。计算机技术和网络技术的发展为这种变革提供了技术支持。

4. 标准化

随着制造业向全球化、网络化、集成化和智能化方向发展，标准化技术已显得越来越重要。它是信息集成、功能集成、过程集成和企业集成的基础。

5. 绿色化

"绿色"一词源于环境保护领域。人类与人类社会本质上是自然世界的一部分，不能对抗或破坏自然整体。因此，人类必须促使自身同自然界和谐共生。制造技术也不例外。绿色制造要求产品还在一定程度上是艺术品，与用户的生产、工作、生活环境相适应，给人以高尚的精神享受，体现物质文明、精神文明与环境文明的高度融合。

【拓展阅读】

我国在现代集成制造系统上取得的成就

1994年，清华大学"国家CIMS工程技术研究中心"获美国制造工程师学会（SME）大学领先奖；1995年，北京第一机床CIMS应用示范工程获美国SME工业领先奖；1999年，华中理工大学CIMS中心获美国SME大学领先奖。

从1988年开始，现代集成制造系统先后在200多家企业成功实施，涵盖机械、电子、航空、航天、仪器仪表、石油、化工、轻工、纺织、冶金、兵器等我国主要制造业领域。该系统支持上千种新产品的开发与改型设计，大力推广了现代集成制造管理信息系统，实现了技术创新、产品创新与管理创新，每年的直接经济效益达20亿元。在市场竞争的推动下，先进制造技术发展迅速，新思想、新概念不断涌现。通过对计算机集成制造系统与先进制造技术关系的分析，我国在制定计算机集成制造系统的发展策略时，应该注重以人为本的思想，运用并行工程的哲理，使各种先进制造技术相互衔接、协调发展，并不断吸收先进制造技术的成熟成果，以促进先进制造技术在我国的广泛应用。

知识巩固

填空题

1. 现代集成制造系统包括了_____、过程集成和企业集成。

2. 一般的现代集成制造系统由经营管理信息系统、设计自动化系统、_____和质量保证系统这四个功能性分系统，以及数据库和计算机网络两个支撑分系统组成。

3. _____是现代集成制造系统中信息流和物流的汇总点，也是产生最终效益的聚集点。

4. 数据库系统通常采用集中与分布式相结合的体系结构，以保障数据的_____、_____和可维护性。

5. _____是现代集成制造技术发展的必然选择。

单元七　逆向工程与3D打印综合应用

🖥 学习目标

1. 知识目标：掌握逆向扫描及其后处理的操作方法；掌握典型模型的3D打印方法。
2. 能力目标：能理解逆向扫描后处理的技术要求；能完成简单模型的3D打印。
3. 素养目标：通过本单元学习，培养学生的实践操作能力，并提升其发现、分析、解决实际问题的综合能力。

🖥 相关知识

逆向工程又称逆向扫描技术，是对实物原型进行3D扫描和数据采集，经过数据处理、三维重构等过程，构造出具有相同形状结构的三维模型。在此基础上，既可以对原型进行复制，也可以在原型的基础上进行再设计，从而实现创新。逆向工程的目的是利用实物获取点云数据，并基于这些点云数据进行优化设计和创新设计。

一、逆向扫描及后处理实例

（一）Wrap_Win3D 软件界面

双击 Wrap_Win3D 软件桌面快捷方式图标启动 Wrap_Win3D 三维数据采集系统软件，在【选项】对话框中，设置【扫描插件】为【Win3D Scanner】勾选【硬件】复选框，单击【确定】按钮。选择【采集】→【扫描】命令，进入软件主界面，如图 3-21 所示。

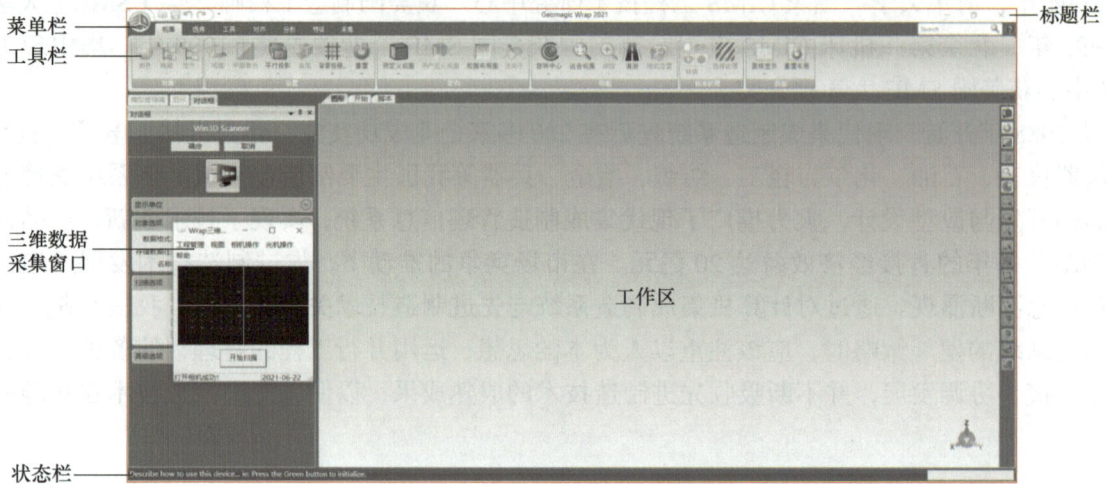

图 3-21　Wrap_Win3D 软件主界面

图 3-22 所示为"Wrap 三维扫描系统"窗口，位于主界面的左侧。

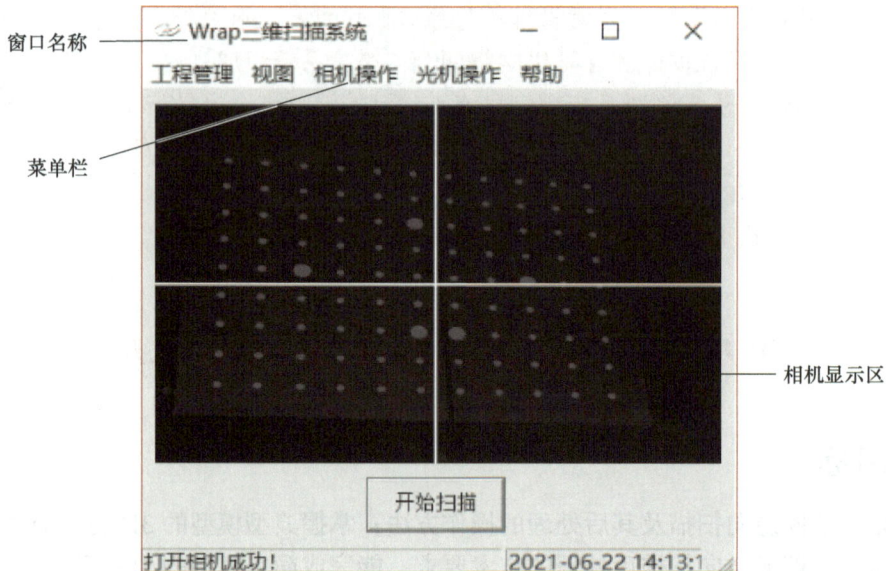

图 3-22　"Wrap 三维扫描系统"窗口

Wrap 三维扫描系统窗口中的相机显示区可实时显示扫描采集区域，可根据显示区域合理调整扫描角度，确保扫描效果。

1. 菜单栏

菜单栏中各命令功能如下。

（1）【工程管理】命令

1）新建工程：在对工件进行扫描之前，必须先新建工程，即设定本次扫描的工程名称、相关数据存放的路径等信息。

2）打开工程：打开一个已经存在的工程。

（2）【视图】命令 标定/扫描：主要用于【标定视图】与【扫描视图】两个命令的相互转换。

（3）相机操作 参数设置：对相机的相关参数进行调整。

（4）光机操作 投射十字：控制光栅投射器投射出一个十字，用于调整扫描距离。

（5）帮助

1）帮助文档：显示帮助内容。

2）注册软件：输入加密序列码。

2. 标定视图

在 Wrap_Win3D 三维数据采集系统窗口的菜单栏中选择【视图】→【标定/扫描】命令，打开标定视图界面，如图 3-23 所示。

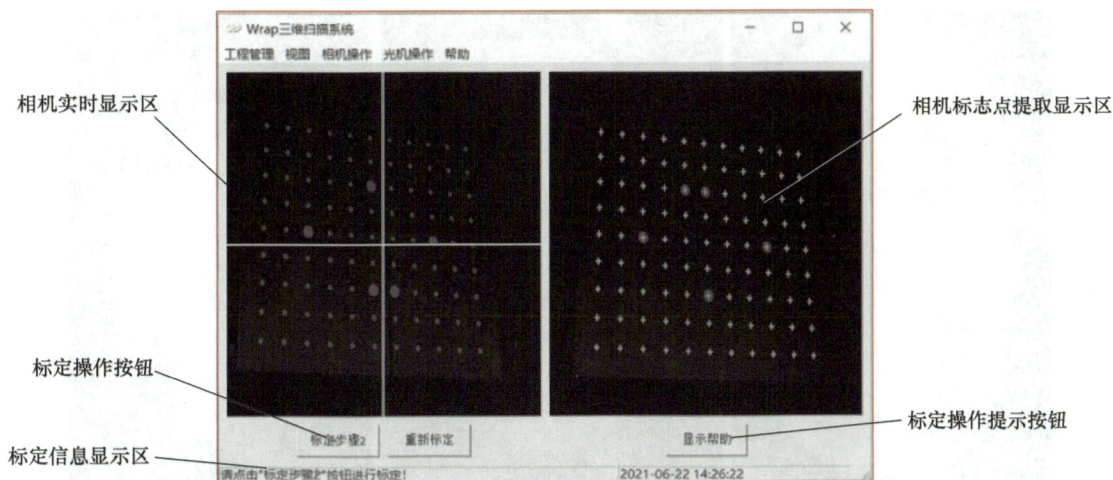

图 3-23 标定视图界面

界面功能命令详解：

1）开始标定：执行标定命令。

2）标定步骤：开始标定操作，即下一步操作。

3）重新标定：若标定失败或零点误差较大，单击此按钮重新进行标定。

4）显示帮助：引导用户按图示位置放置标定板。

5）标定信息显示区：显示标定步骤、提示下一步操作、显示标定成功或未成功的相关信息。

6）相机标志点提取显示区：显示相机采集区域内成功提取的标志点圆心位置（用绿色十字标识）。

7）相机实时显示区：实时显示相机采集区域，便于观测和调整标定板的位置。

3. 标定操作

标定操作是使用扫描仪扫描数据的前提条件，也是决定扫描系统精度和质量的关键因素。因此，在使用扫描仪扫描数据之前，需先对设备进行标定操作。下面是需要标定的几种情况：

1）设备经过长途运输。

2）对硬件进行了调整。

3）硬件发生碰撞或严重震动。

4）设备长时间未使用。

图 3-24 扫描到的标定板

在进行标定操作时有以下注意事项：

1）每一步的标定都要确保在标定板上的至少 88 个标志点（图 3-24），被成功提取，才能继续下一步标定。

2）如果最后计算得到的结果误差太大，导致标定精度不符合要求时，则需重新进行标定，否则会导致扫描精度与点云数据无效。

（二）零件的三维扫描前操作

1. 外表喷粉

观察发现该机械零件模型部分表面颜色较深，影响正常的扫描效果，因此采用喷涂一层显像剂的方式进行扫描，从而获得更加理想的点云数据。

需要注意的是，喷粉距离约为 30cm，喷涂时要尽可能薄且均匀。完成后的零件如图 3-25 所示。

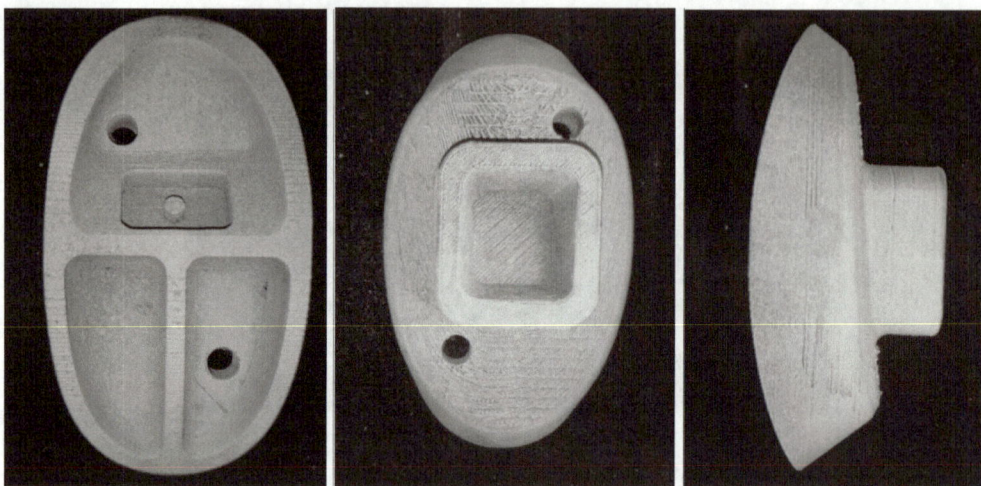

图 3-25　喷粉后的零件

2. 粘贴标志点

因为要求扫描整体点云，所以需要粘贴标志点，以方便进行拼接扫描。粘贴标志点时有以下注意事项：

1）标志点应尽量粘贴在平面区域或曲率较小的曲面上，并且距离零件模型轮廓边界稍远一些。

2）标志点不要粘贴在一条直线上，也不要对称粘贴。

3）公共标志点至少为 3 个，一般以 5 ～ 7 个为宜。标志点应尽量让相机在更多的角度都能同时看到。

4）粘贴标志点要保证扫描策略的顺利实施，应根据零件模型的长度、宽度、高度合理分布粘贴。图 3-26 所示标志点的粘贴方式较为合理，当然还有其他粘贴方式可以选择。

扫描策略：观察发现该模型为对称结构，为了更方便、更快捷地操作，可以采用辅助工具（转盘）的策略对其进行三维数据采集。辅助扫描能够节省扫描的时间，也可以减少粘贴在模型表面的标志点数量。

图 3-26　标志点的粘贴

（三）零件的三维扫描

1）新建工程，将工程命名为【saomiao】。将零件放在转盘上，确保转盘和零件位于十字中心。尝试旋转转盘一周，在三维扫描系统窗口的相机实时显示区观察，以保证能够扫描到整体。

扫描零件

观察相机实时显示区中机械零件模型的亮度，通过在软件中设置相机曝光值来调整亮度。同时检查扫描仪到被扫描物体的距离，此距离可以依据软件左侧相机实时显示区的白色十字与黑色十字相重合来确定。当两者重合时，距离约为600mm，此时600mm处的点云提取质量最好。

所有参数调整完成后，单击【开始扫描】按钮，进行第一次扫描，如图3-27所示。由于后续需要借助标志点进行拼合扫描，因此在第一次扫描时，需先使扫描仪识别机械零件模型上公共的标志点，以方便后续翻面拼合。若标志点粘贴的角度不利于识别机械零件模型上的公共标志点，可以借助垫块垫起转盘相机一侧，使扫描仪更容易识别。

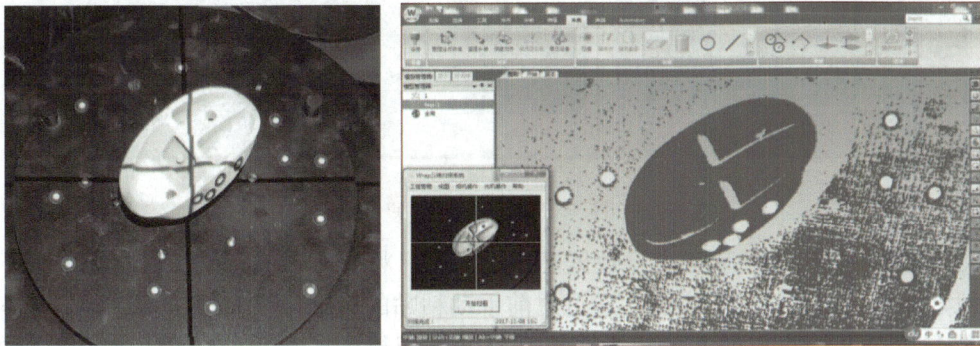

图3-27　第一次扫描

2）将转盘转动一定角度（转动范围建议为30°～120°），必须保证与上一步扫描有公共重合部分。这里所说的重合是指标志点重合，即上一步和该步能够同时看到至少3个标志点（该单目设备采用三点拼接，建议使用四点拼接），如图3-28所示。

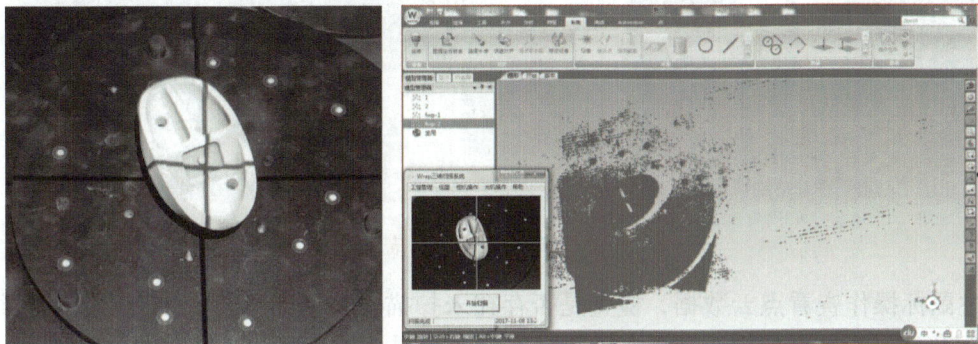

图3-28　第二次扫描

3）同步骤2）类似，继续向同一方向旋转一定角度进行扫描。可以多换几个角度扫描几次，以获取上表面的完整点云，如图3-29所示。

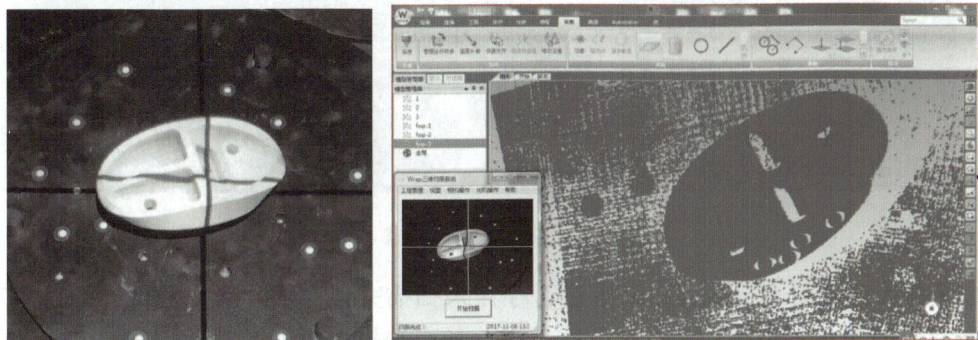

图3-29　第三次扫描

4）在软件界面查看对应的点云，操作鼠标查看机械零件模型是否扫描完整。如果尚未完整，继续向同一方向旋转一定角度进行扫描。经过几次扫描后，通常已经基本可以将机械零件模型的上表面扫描完整，若仍有遗漏，则调整扫描角度继续扫描，直至获取上表面的完整点云），如图 3-30 所示。

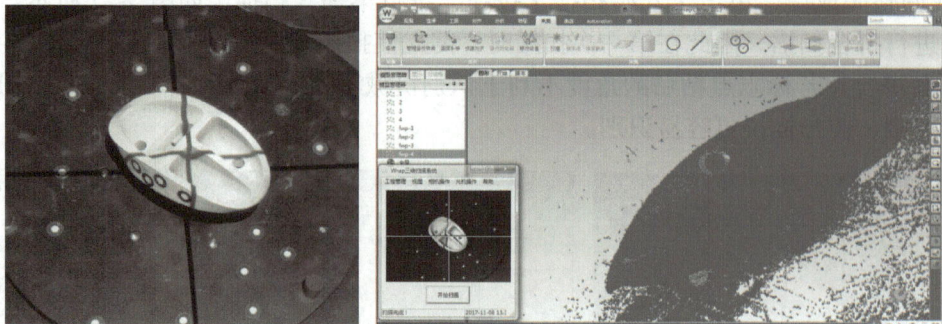

图 3-30　第四次扫描

5）确认机械零件模型的上表面点云数据已扫描完成，将机械零件模型从转盘上取下，翻转转盘，同时翻转机械零件模型以扫描其下表面。通过之前手动粘贴的标志点来完成拼接过程。在本次扫描时，应当优先扫描包含公共标志点的面，扫描系统会自动进行拼合，实现获取完整点云数据的效果，如图 3-31 所示。

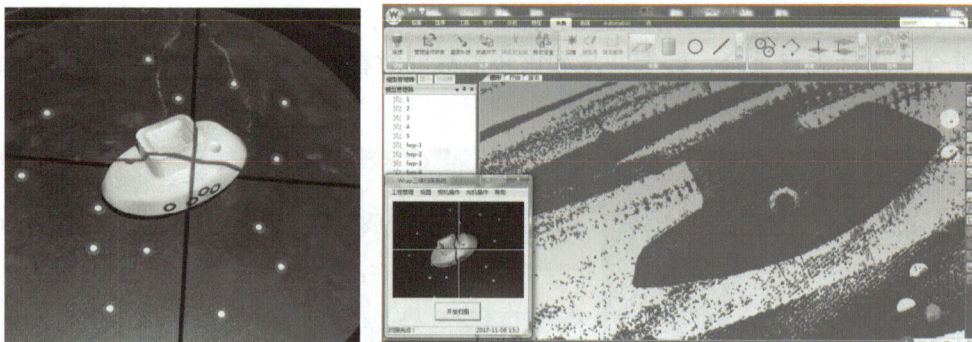

图 3-31　第五次扫描

6）通过鼠标操作查看点云数据，检查是否存在未扫描完整的部分。如果有必要，可继续向同一方向旋转一定角度进行补充扫描，直至点云数据完整，如图 3-32 所示。

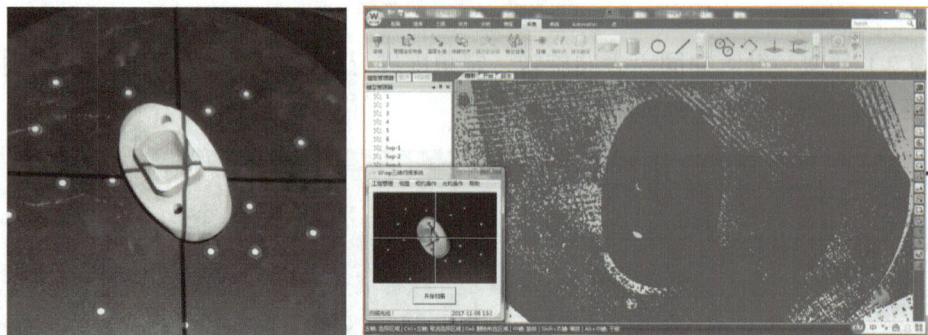

图 3-32　第六次扫描

7）通过鼠标操作查看点云数据，检查是否存在未扫描完整的部分。在软件界面查看对应的点云数据，操作鼠标检查机械零件模型是否已扫描完整。如有缺失，可继续补充采集缺失的点云数据，直至获取完整的点云数据，如图 3-33 所示。

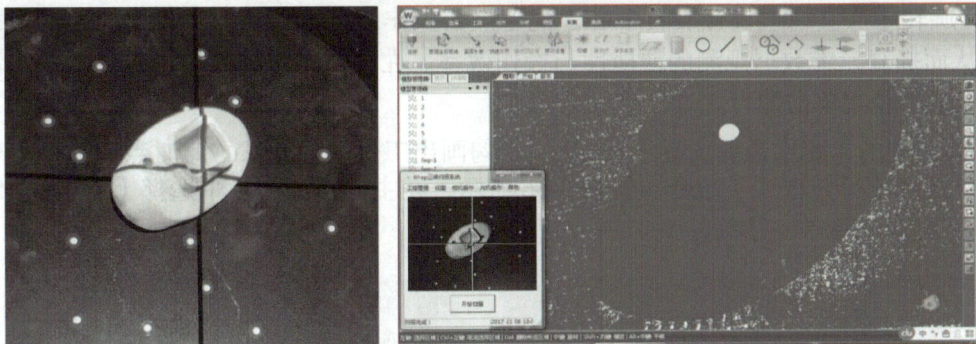

图 3-33　第七次扫描

8）在模型管理器中选择要保存的点云数据，主界面菜单栏中选择【点】→【联合点对象】命令，将多组数据合并为一组数据。选择合并后的点云数据，单击鼠标右键，在弹出的菜单中选择【保存】命令，将点云数据保存在指定的目录下，保存的格式为【.asc】。

需要注意的是，扫描步骤的多少应根据扫描经验及扫描时物体摆放角度而定。如果经验丰富且摆放合适，可减少扫描步骤，确保扫描后的点云数据不至于太大，并减少累计误差的产生。

（四）处理点云数据

1. 点的处理

（1）点的处理命令

1）着色点 ▦：为了更加清晰、方便地观察点云的形状，对点云进行着色。

2）选择非连接项 ▦：同一物体上具有一定数量的点形成点群，并且彼此间分离。

3）选择体外孤点 ▦：选择与其他多数的点云具有一定距离的点。（敏感度设置：低数值会选择距离较远的点，高数值选择的范围更接近真实数据。）

4）减少噪点 ▦：因为逆向设备与扫描方法的限制，在扫描的点云数据中存在系统误差和随机误差，其中有一些扫描点的误差比较大，超出允许范围，这就是噪点。

5）封装 ▦：对点云进行三角面片化处理。

（2）点的处理步骤

1）打开之前保存的【saomiao.txt】或【saomiao.asc】文件，启动 Wrap 软件，在主界面菜单栏中选择【文件】→【打开】命令或单击工具栏上的【打开】按钮，系统弹出【打开文件】对话框，查找数据文件并选择【saomiao .txt】文件，单击【打开】按钮，在工作区显示载体，如图 3-34 所示。

2）着色点云。为了更加清晰、方便地观察点云的形状，对点云进行着色。在主界面菜单栏中选择【点】→【着色点】命令，着色后的效果如图 3-35 所示。

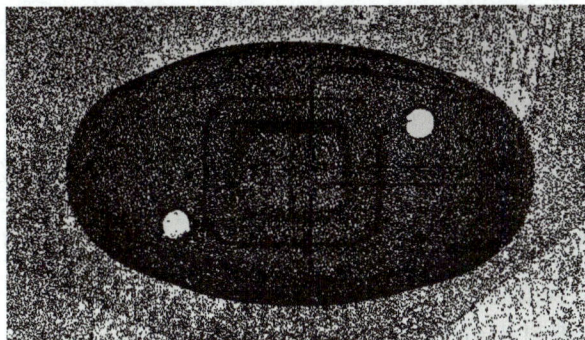

图 3-34　导入的点云数据

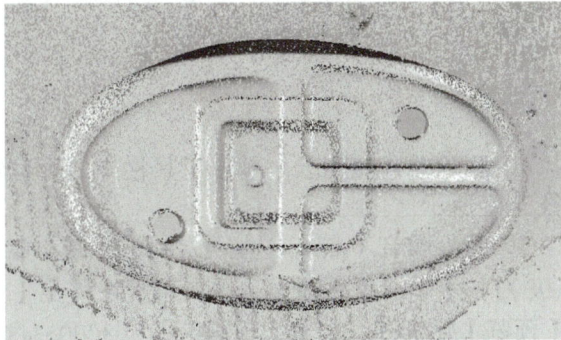

图 3-35　着色的点云

处理点云数据

3）设置旋转中心。通过设置旋转中心，优化点云操作的交互控制，实现缩放旋转及视点变换的精准调节，从而提高三维数据观测的便捷性与操作效率。在工作区单击鼠标右键，选择【设置旋转中心】命令，在适合位置单击即可。

单击工具栏中的【套索选择工具】按钮，勾画出工件的外轮廓，此时点云数据呈现红色。单击鼠标右键，选择【反转选区】命令，如图 3-36 所示，在主界面菜单栏中选择【点】→【删除】命令或按〈Delete〉键，如图 3-37 所示。

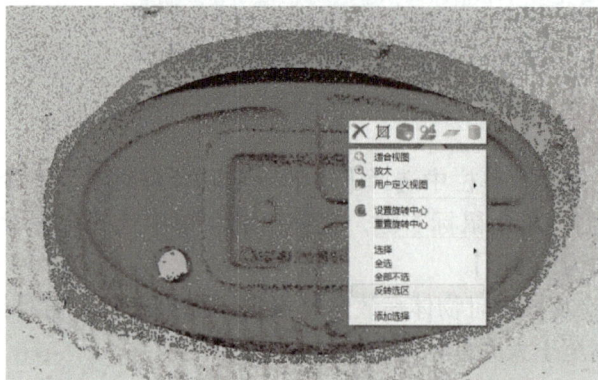

图 3-36　选择【反转选区】命令

图 3-37　套索方式选择点数据

4）选择非连接项。选择菜单栏中的【点】→【选择】→【非连接项】命令，弹出"选择非连接项"对话框。在【分隔】的下拉列表中选择【低】分隔方式，系统会自动选择那些在拐角处离主点云很近但不属于主点云一部分的点。设置【尺寸】为默认值 5.0mm，单击上方的【确定】按钮。点云中的非连接项被选中，并呈现红色，如图 3-38 所示。选择【点】→【删除】命令或按〈Delete〉键删除被选中的点。

5）去除体外孤点。选择【点】→【选择】→【体外孤点】命令，弹出【选择体外孤点】对话框，设置【敏感度】的值为 100，也可以单击右侧的增减符号改变【敏感度】的值，单击【确定】按钮。此时体外孤点被选中，呈现红色，如图 3-39 所示。选择【点】→【删除】命令或按〈Delete〉键删除选中的点。（此命令操作 2～3 次为宜。）

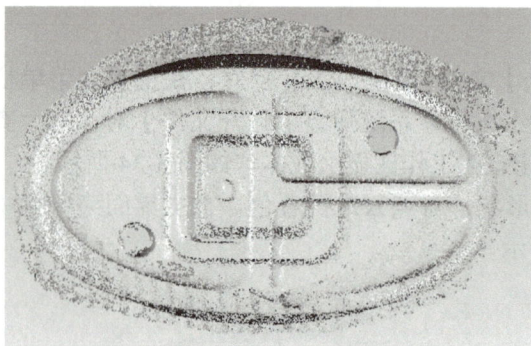

图 3-38　非连接项选择

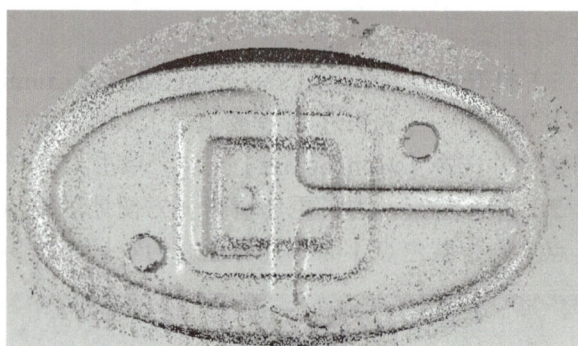

图 3-39　外孤点选择

6）删除非连接点云。单击工具栏中的【套索选择工具】按钮，将工作区的非连接点云删除，如图 3-40 所示。

7）减少噪音（点）。选择【点】→【减少噪音】命令，弹出【减少噪音】对话框。选择【棱柱形（积极）】→【平滑度水平】选项，将滑块移至【无】。设置【迭代】为 5，【偏差限制】为 0.05mm。勾选【预览】复选框，定义【预览点】为 3000，这代表被封装和预览的点数量。勾选【采样】复选框。

用鼠标在工作区的模型上选择一小块区域来预览，预览效果如图 3-41 所示。

左右移动【平滑级别】选项中的滑块，同时观察预览区域的图像变化。图 3-41 中分别展示了平滑级别最小和平滑级别最大的预览效果。将【平滑度水平】滑块设置在第二个档位上，单击【应用】按钮，退出对话框。

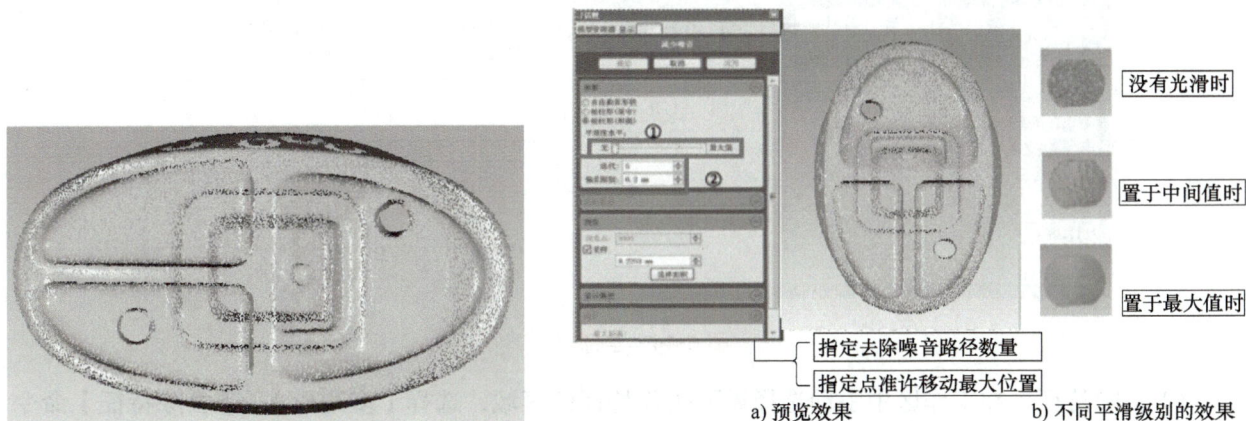

图 3-40　删除后的点云

没有光滑时

置于中间值时

置于最大值时

指定去除噪音路径数量

指定点准许移动最大位置

a) 预览效果　　　　b) 不同平滑级别的效果

图 3-41　预览效果和平滑效果

8）封装数据。选择【点】→【封装】命令，弹出【封装】对话框，如图 3-42 所示。该命令将围绕点云进行封装计算，使点云数据转换为多边形模型。

通过设置点间距对点云进行采样。目标三角形的数量可以人为设定。目标三角形数量设置得越大，封装后的多边形网格就越紧密。通过下方的滑块可以调节采样质量，可根据点云数据的实际特性进行适当的设置。

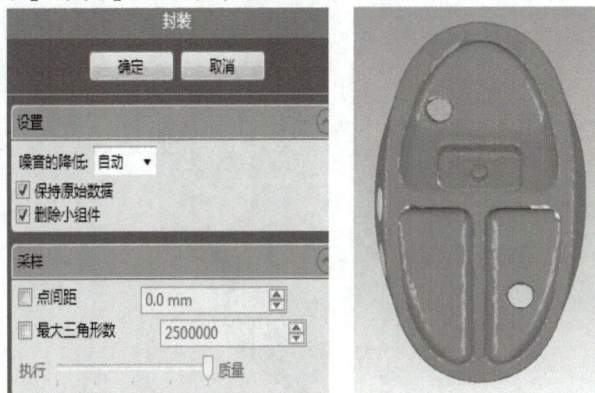

2. 面片的处理

（1）面片的处理命令

1）删除钉状物 ：【平滑级别】滑块处在中间位置，可使点云表面趋于光滑。

图 3-42　封装后的状态

2）填充孔 ：修补因为点云缺失而造成漏洞，可根据曲率趋势补好漏洞。

3）去除特征 ：选择有特征的位置，应用该命令可以去除特征，并将该区域与其他部位光滑连接。

4）减少噪音 ：将点移至正确的统计位置，以弥补噪音（点）（如扫描仪误差）。噪音（点）会使锐边变钝或使平滑曲线变粗糙。

5）网格医生 ：集成了【删除钉状物】【填充孔】【去除特征】等命令功能，能够快速处理简单数据。

（2）面片的处理步骤

1）删除钉状物。选择【多边形】→【删除钉状物】命令，弹出图 3-43a 所示【删除钉状物】对话框。将【平滑级别】滑块移至中间位置，单击【应用】按钮，效果如图 3-43b 所示。

2）全部填充。选择【多边形】→【全部填充】命令，弹出图 3-44 所示的【全部填充】对话框。可以根据孔的类型搭配选择不同的方法进行填充。

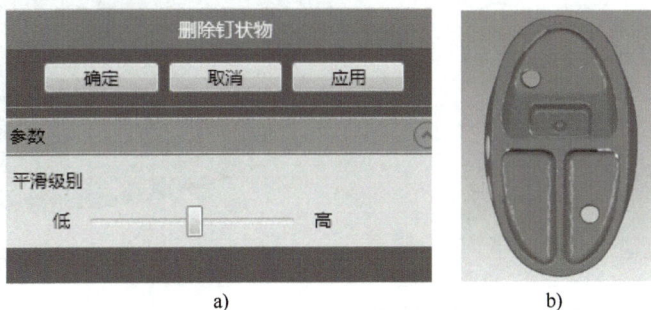

a)　　　　　　　　b)

图 3-43　删除钉状物

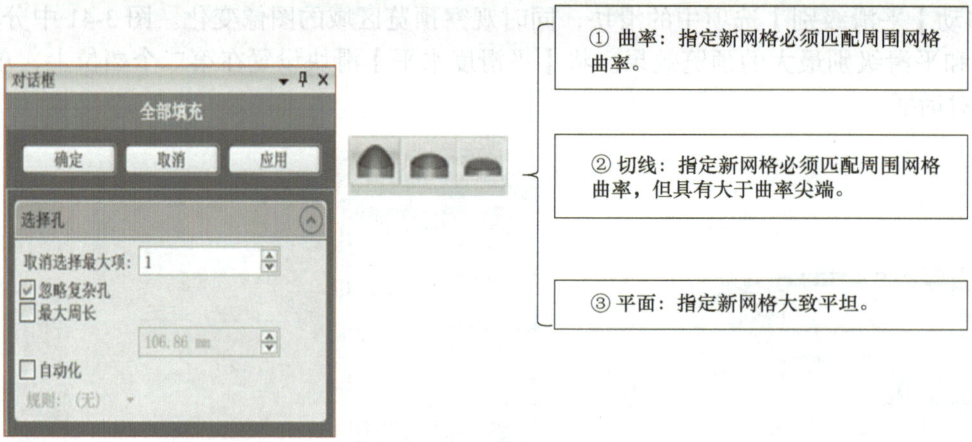
对话框
全部填充
确定
取消
应用
选择孔
取消选择最大项：1
忽略复杂孔
最大周长
106.86 mm
自动化
规则：（无）
① 曲率：指定新网格必须匹配周围网格曲率。
② 切线：指定新网格必须匹配周围网格曲率，但具有大于曲率尖端。
③ 平面：指定新网格大致平坦。

图 3-44　全部填充

3）去除特征。在工作区中手动选择需要去除特征的区域，选择【多边形】→【去除特征】命令，效果如图 3-45 所示。

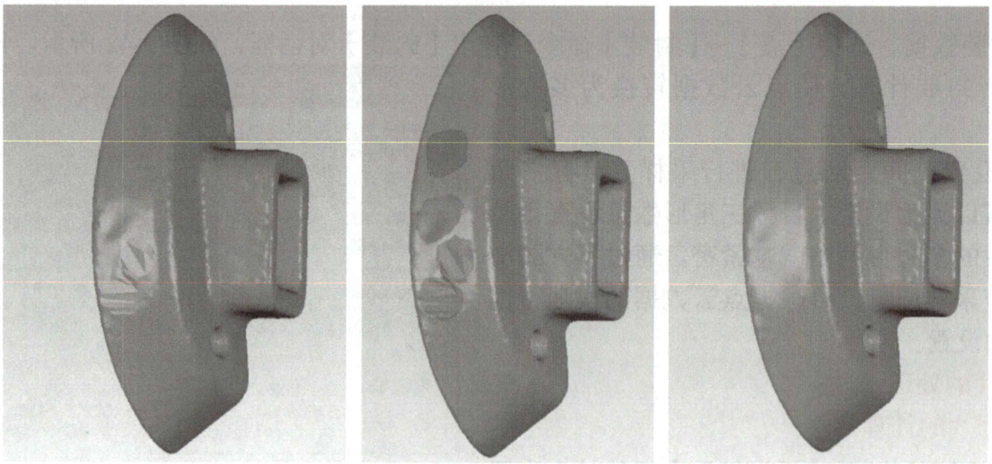

a)　　　　b)　　　　c)

图 3-45　去除特征效果

面片最终处理效果如图 3-46 所示。

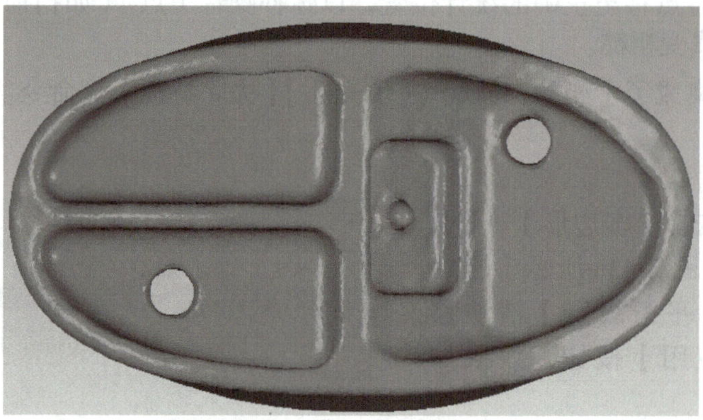

图 3-46　面片最终处理效果

零件的建模

（五）机械零件的建模

建模软件主界面如图 3-47 所示。

菜单栏
工具栏
特征树
模型树

标题栏

3D模型视图

图 3-47 建模软件主界面

1. 鼠标与键盘操作

1）左键：选择。

2）Ctrl+ 左键：取消选择。

3）右键：旋转。

4）滚动鼠标滚轮：缩放。

5）Ctrl+ 右键：移动。

2. 建模流程与步骤

建模流程如图 3-48 所示，主要包括对齐坐标系→创建上表面→创建侧面→创建底面→编辑曲面→创建特征→倒圆角→保存数据。

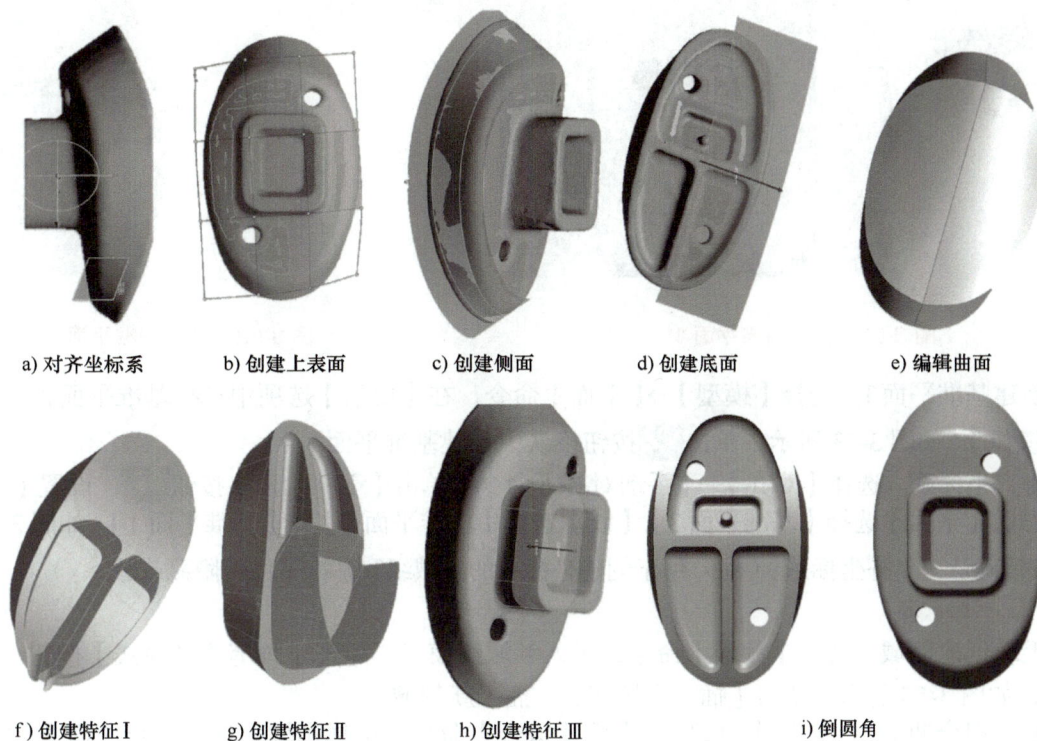

a) 对齐坐标系	b) 创建上表面	c) 创建侧面	d) 创建底面	e) 编辑曲面
f) 创建特征Ⅰ	g) 创建特征Ⅱ	h) 创建特征Ⅲ	i) 倒圆角	

图 3-48 机械零件建模流程

（1）对齐坐标系

1）导入文件。选择【插入】→【导入】命令，导入机械零件模型的点云数据文件，如图 3-49 所示。

2）手动绘制领域。选择【领域】命令，进入领域组模式。单击【画笔选择模式】按钮 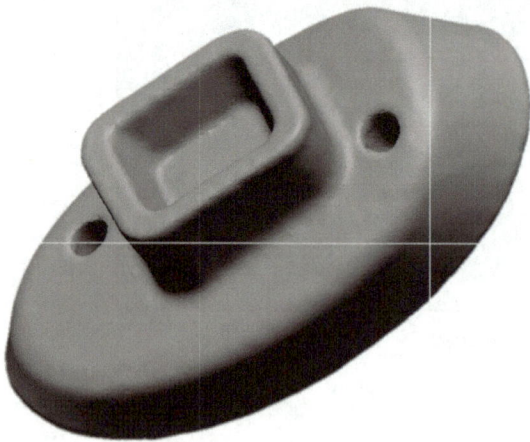，手动绘制领域，如图 3-50 所示。单击【插入】按钮 ，插入新领域。

图 3-49　导入机械零件模型的点云数据文件　　　图 3-50　手动绘制领域

3）创建基准平面 1。选择【模型】→【平面】命令，在【要素】选项中选择步骤 2）创建的领域，设置【方法】为【提取】，如图 3-51 所示。单击 ✓ 按钮确认，创建基准平面 1。

4）创建基准平面 2。选择【模型】→【平面】命令，设置【方法】为【绘制直线】，将模型摆正，绘制图 3-52 所示的直线，单击 ✓ 按钮确认，创建基准平面 2。

图 3-51　创建基准平面 1　　　图 3-52　创建基准平面 2

5）创建基准平面 3。选择【模型】→【平面】命令，在【要素】选项中选择基准平面 2，设置【方法】为【镜像】，如图 3-53 所示。单击 ✓ 按钮确认，创建基准平面 3。

6）对齐坐标系。选择【对齐】→【手动对齐】命令，单击【下一阶段】按钮 ➡，设置【移动】为【3-2-1】模式，【平面】选择【基准平面 3】，【线】选择【基准平面 3】和【基准平面 1】，如图 3-54 所示。单击 ✓ 按钮确认，对齐坐标系。（注：用于创建坐标系的领域组和基准平面可隐藏或删除。）

（2）创建上表面

1）手动创建领域。选择【领域】命令，进入领域组模式。单击【画笔选择模式】按钮 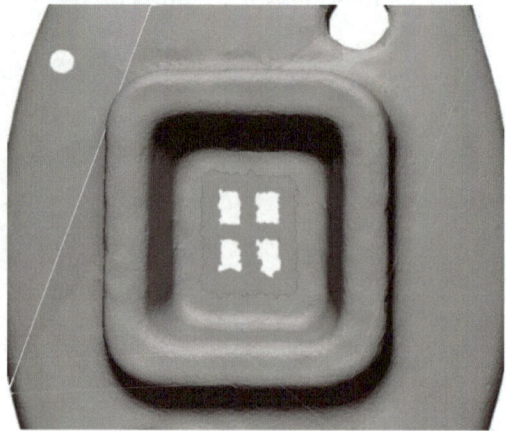，手动绘制领域，如图 3-55 所示。单击【插入】按钮 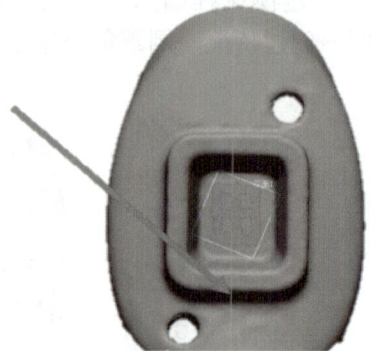，插入新领域。

2）创建拟合曲面 1。选择【模型】→【面片拟合】命令，选择领域，创建拟合曲面 1，如图 3-56 所示。单击 ✓ 按钮确认。

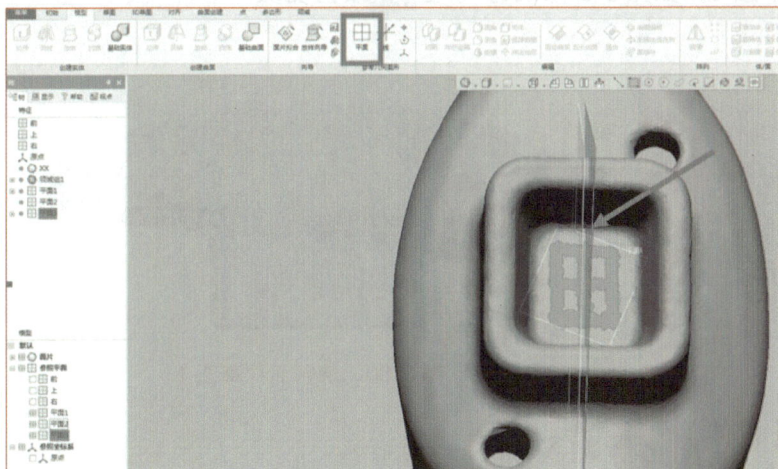

图 3-53　创建基准平面 3

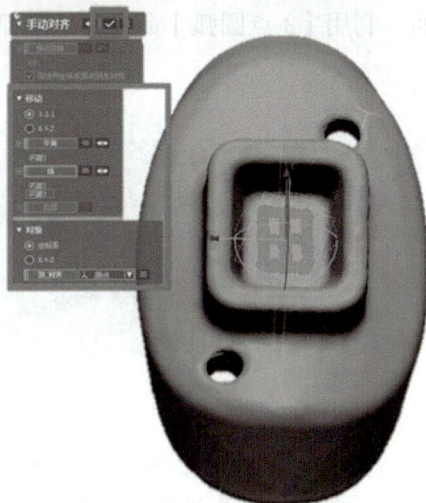

图 3-54　对齐坐标系

图 3-55　手动创建领域

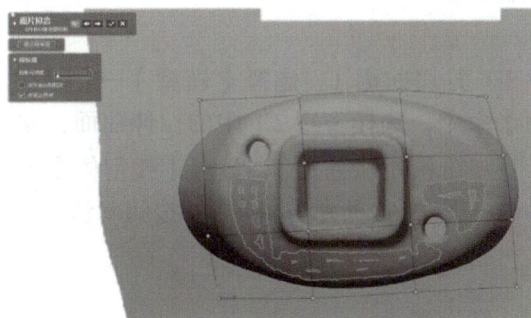

图 3-56　创建拟合曲面 1

（3）创建侧面

1）绘制 3D 草图。选择【草图】→【3D 草图】命令，进入 3D 草图模式，利用【样条曲线】命令绘制 3D 草图，如图 3-57 所示。单击 ✓ 按钮确认。

2）放样曲面。选择【模型】→【放样】命令，在【轮廓】选项选择步骤 1）绘制的 3D 草图，如图 3-58 所示。单击 ✓ 按钮确认。

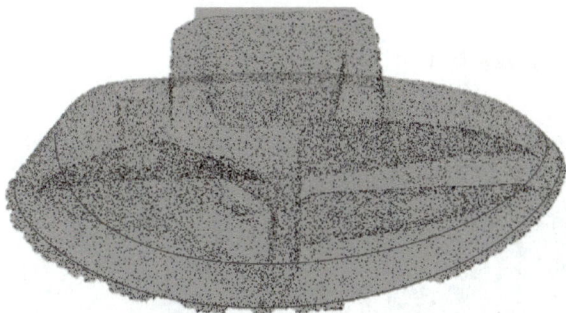

图 3-57　绘制 3D 草图

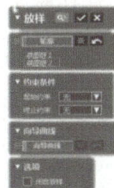

图 3-58　曲面放样

3）延长曲面 1。选择【模型】→【延长曲面】命令，对步骤 2）的放样曲面进行延长操作，如图 3-59 所示。单击 ✓ 按钮确认。

（4）创建底面

1）创建面片草图 1。选择【草图】→【面片草图】命令，进入面片草图模式，以【前】为基准平面，利用【3点圆弧】命令，绘制面片草图1，如图3-60所示。单击 ✔ 按钮确认。

图 3-59　延长曲面 1

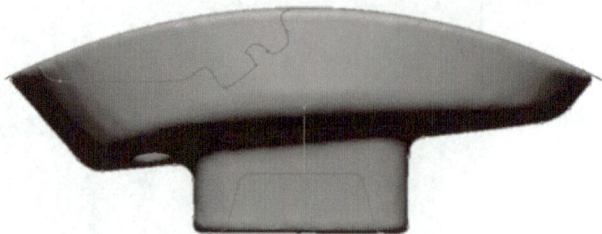

图 3-60　绘制面片草图 1

2）拉伸曲面1。选择【模型】→【拉伸】命令，在【轮廓】选项上选择步骤1）绘制的面片草图1，生成拉伸曲面1，如图3-61所示。单击 ✔ 按钮确认。

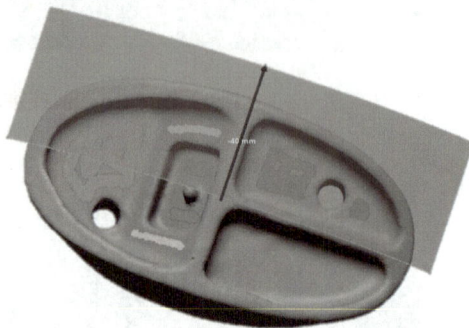

（5）编辑曲面

1）剪切曲面1。选择【模型】→【剪切曲面】命令，选择步骤2）中的拉伸曲面，单击【下一阶段】按钮 ➡，设置【残留体】如图3-62～图3-64所示。单击 ✔ 按钮确认。

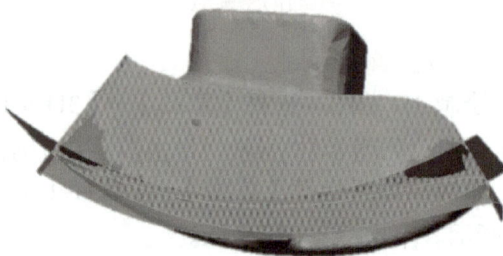

图 3-61　拉伸曲面 1

图 3-62　剪切曲面 1 并设置残留体 1

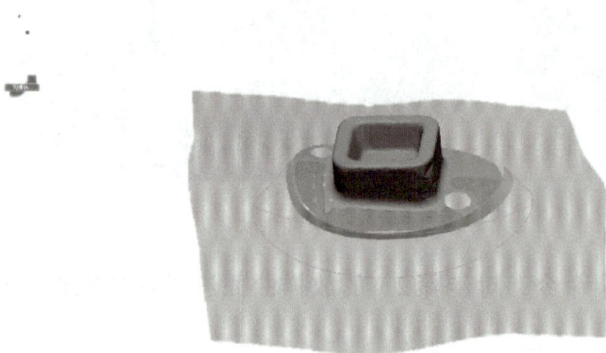

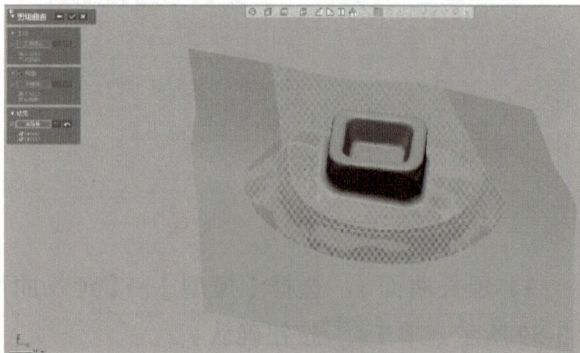

图 3-63　剪切曲面 1 并设置残留体 2

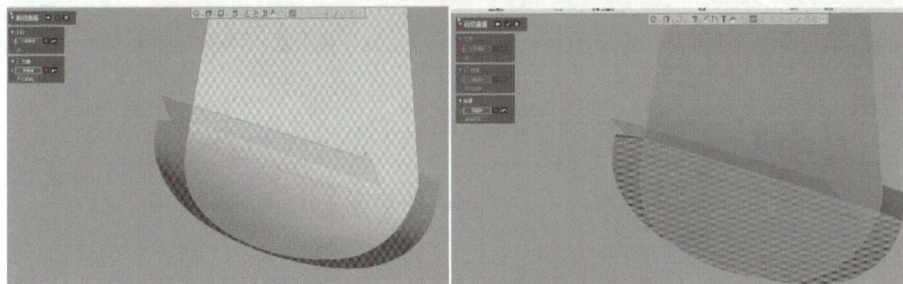

图 3-64　剪切曲面 1 并设置残留体 3

2）镜像曲面 1。选择【模型】→【镜像】命令，在【体】选项上选择步骤 1）剪切过的曲面，设置【对称平面】为【前】基准平面，新生成一个曲面，如图 3-65 所示。单击 ✓ 按钮确认。

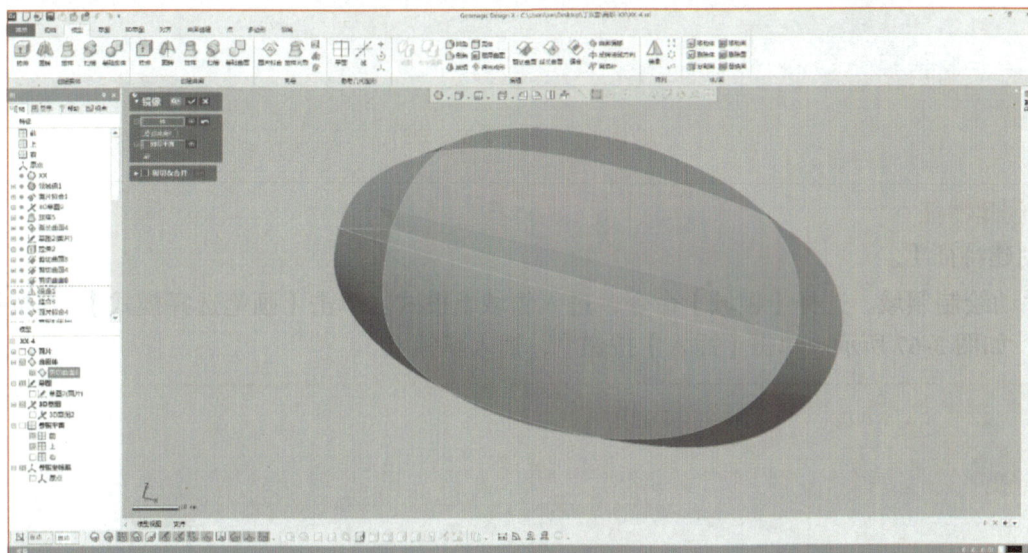

图 3-65　镜像曲面 1

3）缝合曲面。选择【模型】→【缝合】命令，将两个曲面进行缝合，如图 3-66 所示。单击 ✓ 按钮确认。

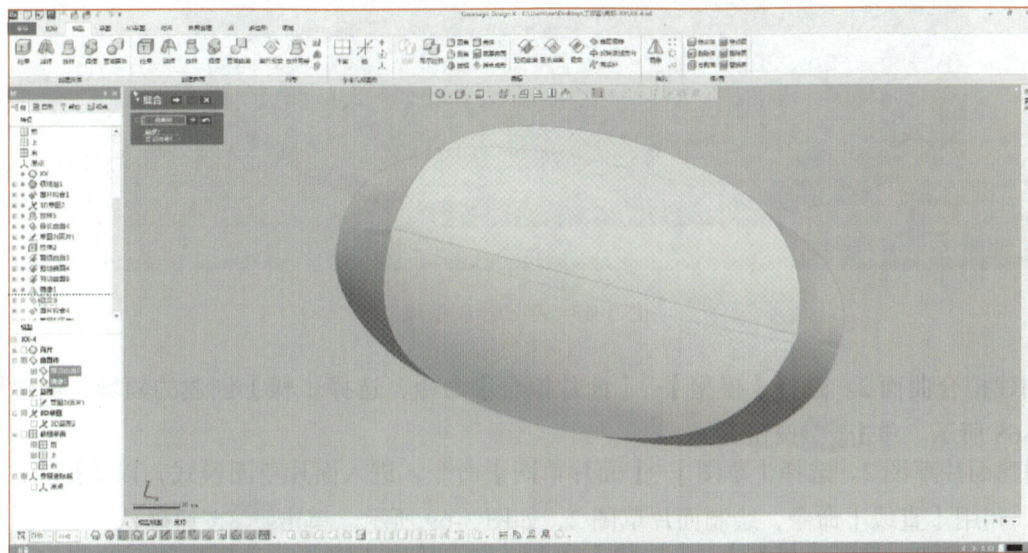

图 3-66　缝合曲面

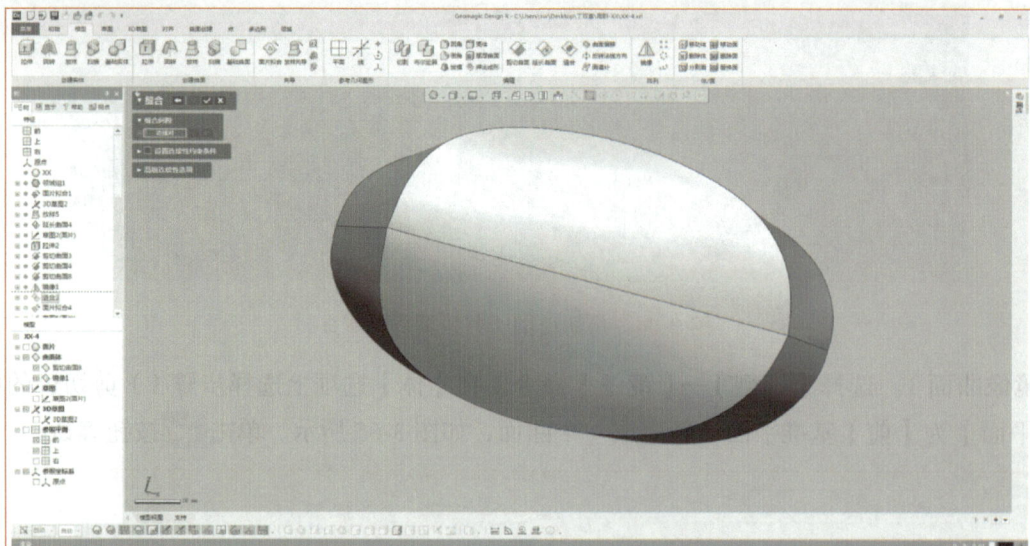

图 3-66 缝合曲面（续）

（6）创建特征

1）创建特征Ⅰ。

① 手动绘制领域。选择【领域】命令，进入领域组模式。单击【画笔选择模式】 ✐ 按钮，手动绘制领域，如图 3-67 所示。单击【插入】按钮 🔧，插入新领域。

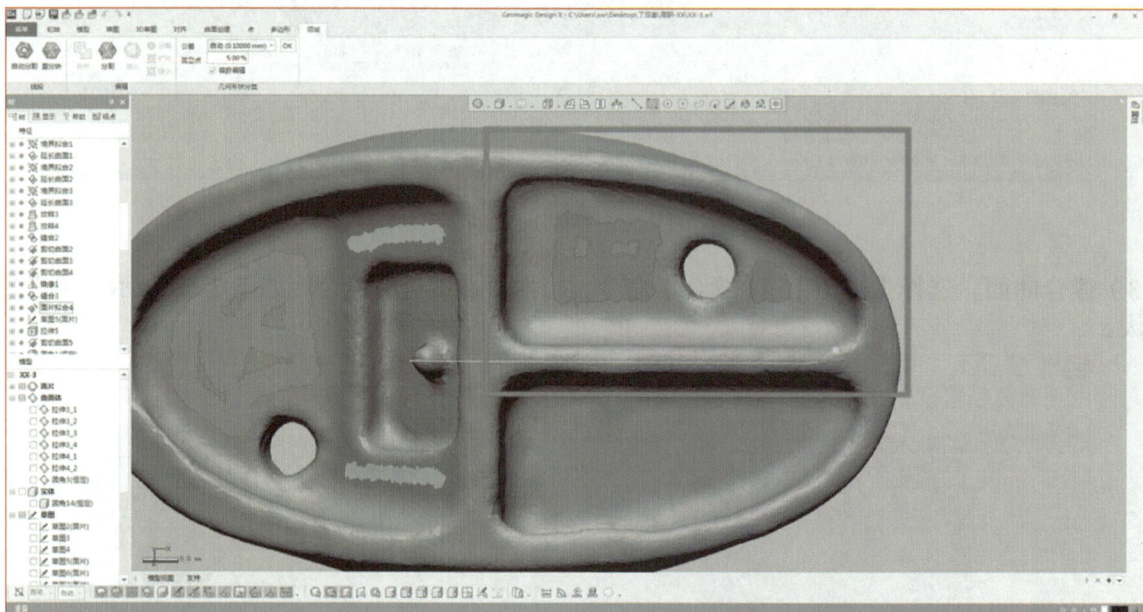

图 3-67 手动绘制领域

② 创建拟合曲面 2。选择【模型】→【面片拟合】命令，选择步骤①创建的领域，创建拟合曲面 2，如图 3-68 所示。单击 ✔ 按钮确认。

③ 创建面片草图 2。选择【草图】→【面片草图】命令，进入面片草图模式，以【拟合曲面 2】为基准平面，利用【直线】命令，绘制面片草图 2，如图 3-69 所示。单击 ✔ 按钮确认。

④ 拉伸曲面 2。选择【模型】→【拉伸】命令，在【轮廓】选项上选择步骤③绘制的草图，生成拉伸曲面 2，如图 3-70 所示。单击 ✔ 按钮确认。

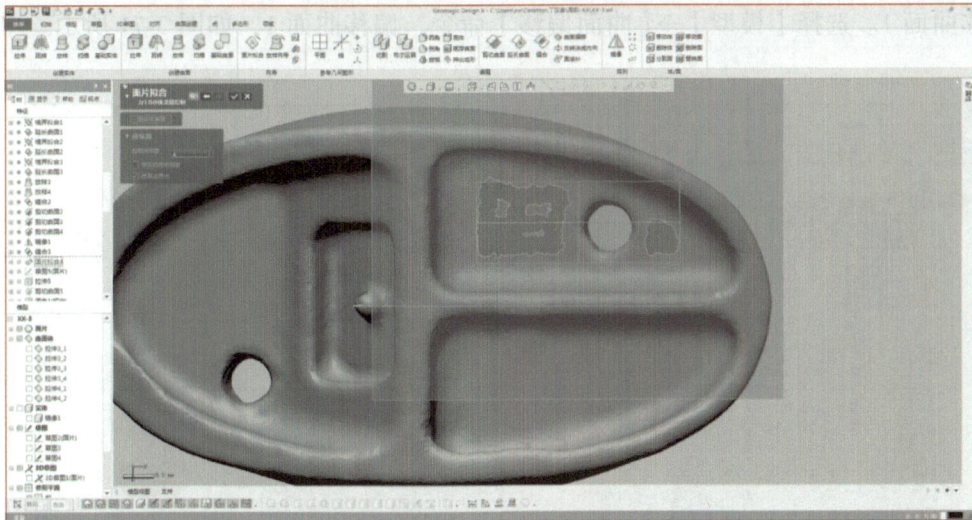

图 3-68　创建拟合曲面 2

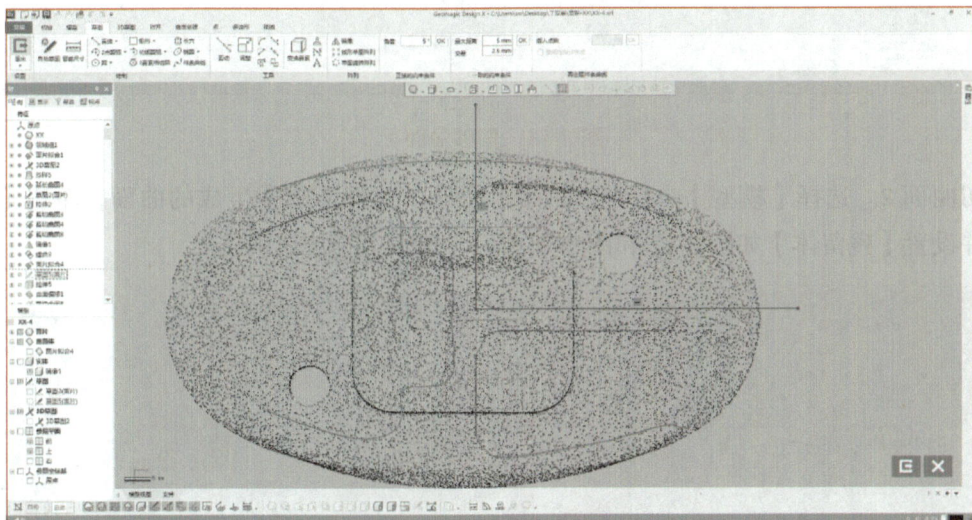

图 3-69　绘制面片草图 2

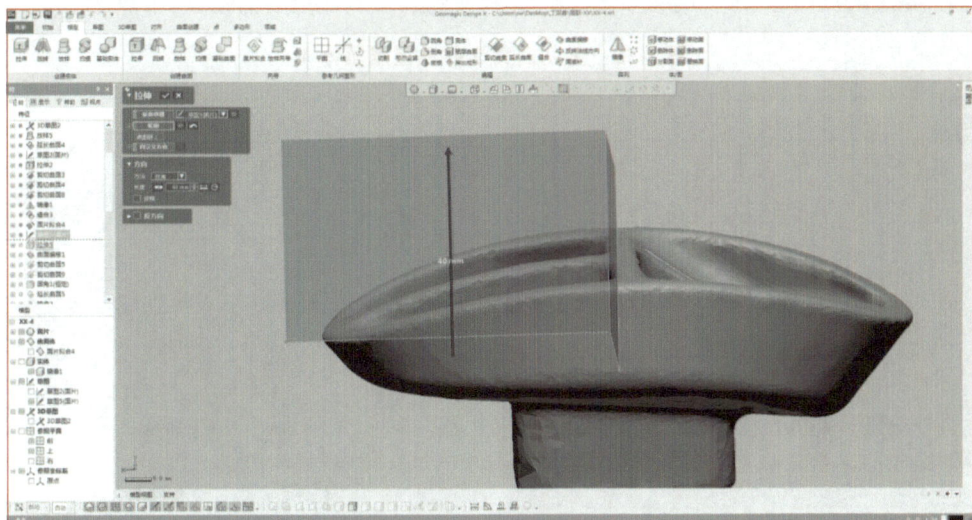

图 3-70　拉伸曲面 2

⑤ 偏移曲面 1。选择【模型】→【曲面偏移】命令，偏移曲面 1，如图 3-71 所示。单击 ✅ 按钮确认。

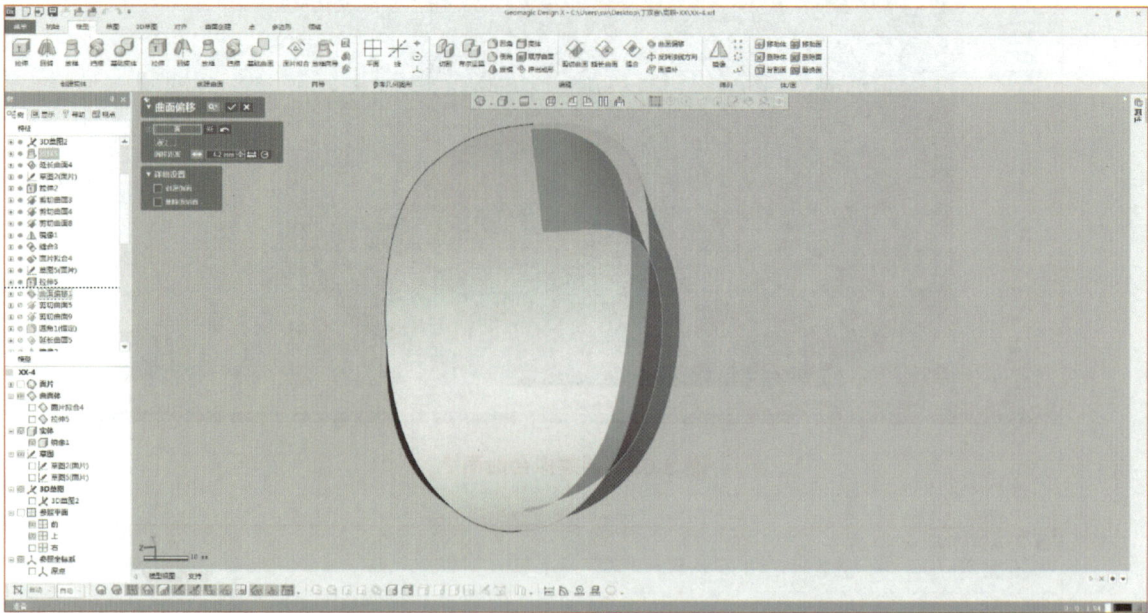

图 3-71　偏移曲面 1

⑥ 剪切曲面 2。选择【模型】→【剪切曲面】命令，选择步骤⑤生成的曲面，单击【下一阶段】按钮 ➡，并设置【残留体】如图 3-72 和图 3-73 所示。单击 ✅ 按钮确认。

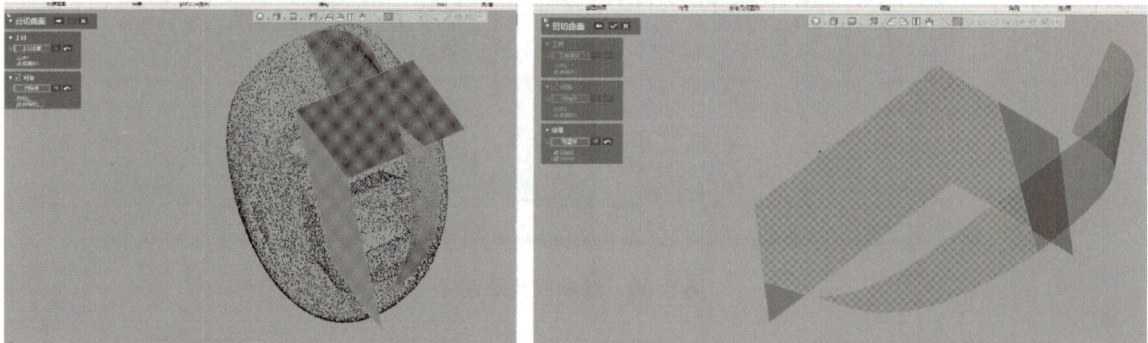

图 3-72　剪切曲面 2 并设置残留体 1

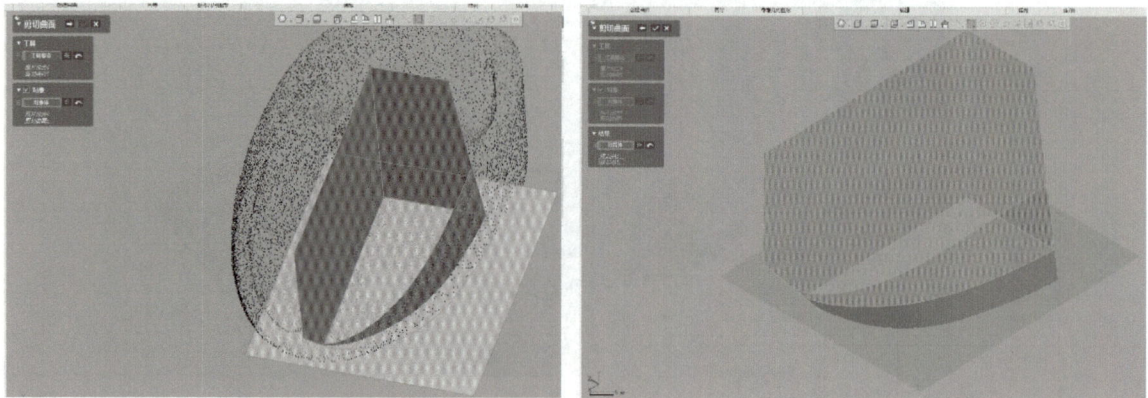

图 3-73　剪切曲面 2 并设置残留体 2

⑦ 倒圆角 1。选择【模型】→【圆角】命令，在【要素】选项上选择边线,【半径值】约为 4.5mm，如图 3-74 所示。单击 ✔ 按钮确认。

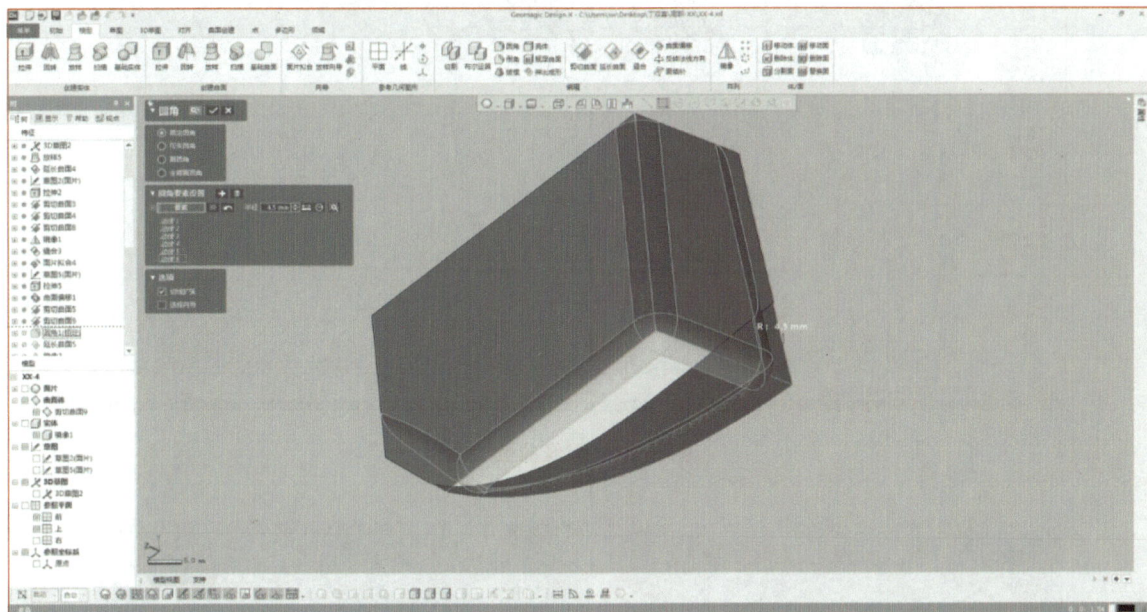

图 3-74　倒圆角 1

⑧ 延长曲面 2。选择【模型】→【延长曲面】命令，对步骤⑦生成的圆角曲面进行延长操作，如图 3-75 所示。单击 ✔ 按钮确认。

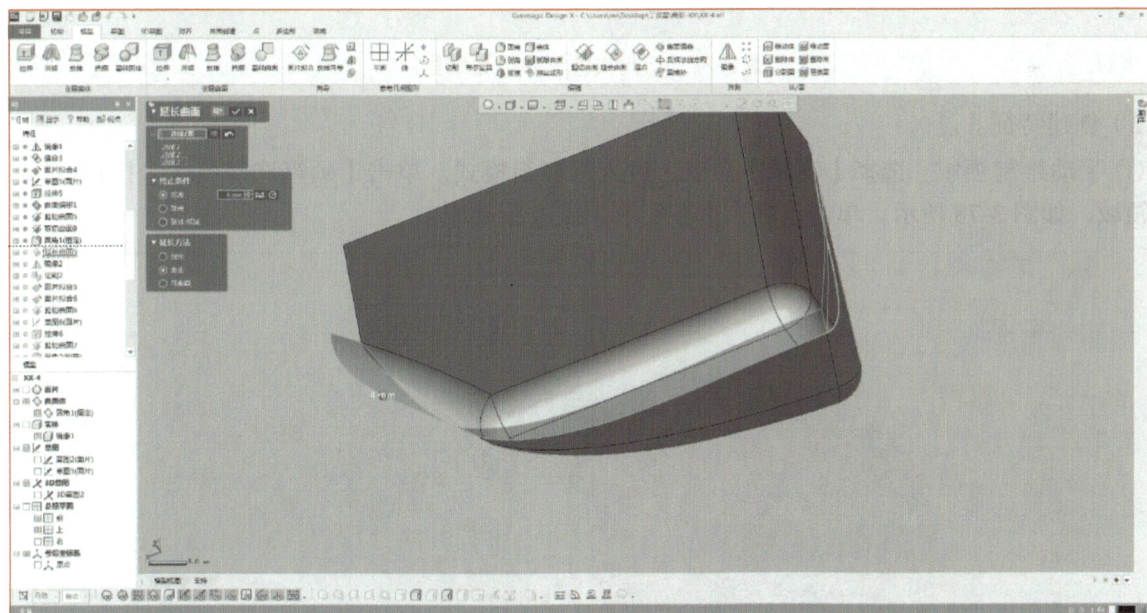

图 3-75　延长曲面 2

⑨ 镜像曲面 2。选择【模型】→【镜像】命令，在【体】选项上选择步骤⑧生成的曲面，设置【对称平面】为【前】基准平面，如图 3-76 所示。单击 ✔ 按钮确认。

⑩ 切割实体 1。选择【模型】→【切割】命令，在【工具要素】选项上选择步骤⑨生成的镜像曲面,【对象体】选择【实体】,设置【残留体】如图 3-77 所示。单击 ✔ 按钮确认。

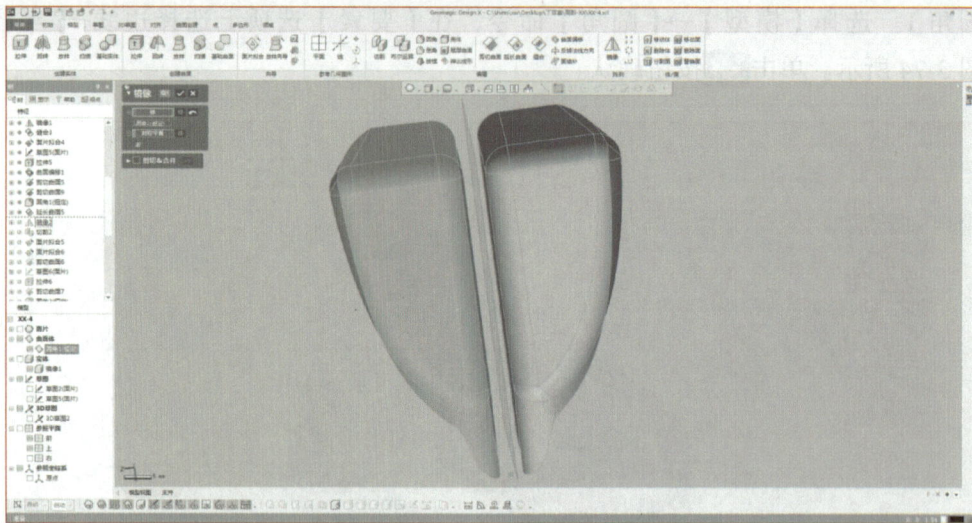

图 3-76　镜像曲面 2

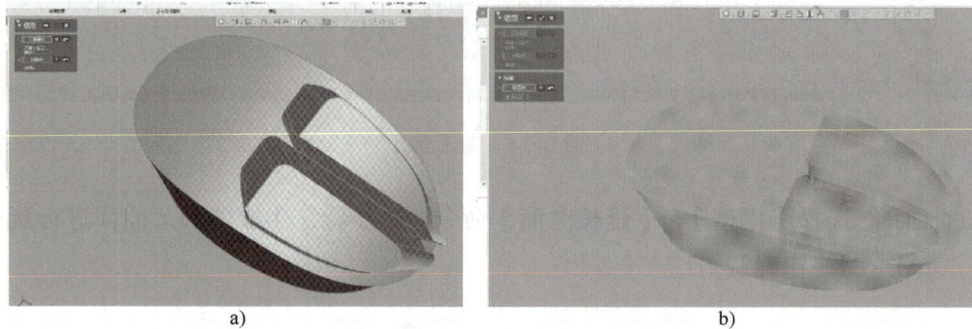

a)　　　　　　　　　　　　　　　　　　b)

图 3-77　切割实体 1 并设置残留体

2）创建特征Ⅱ。

① 手动绘制领域。选择【领域】命令，进入领域组模式。单击【画笔选择模式】按钮 ，手动绘制领域，如图 3-78 所示。单击【插入】按钮 ，插入新领域。

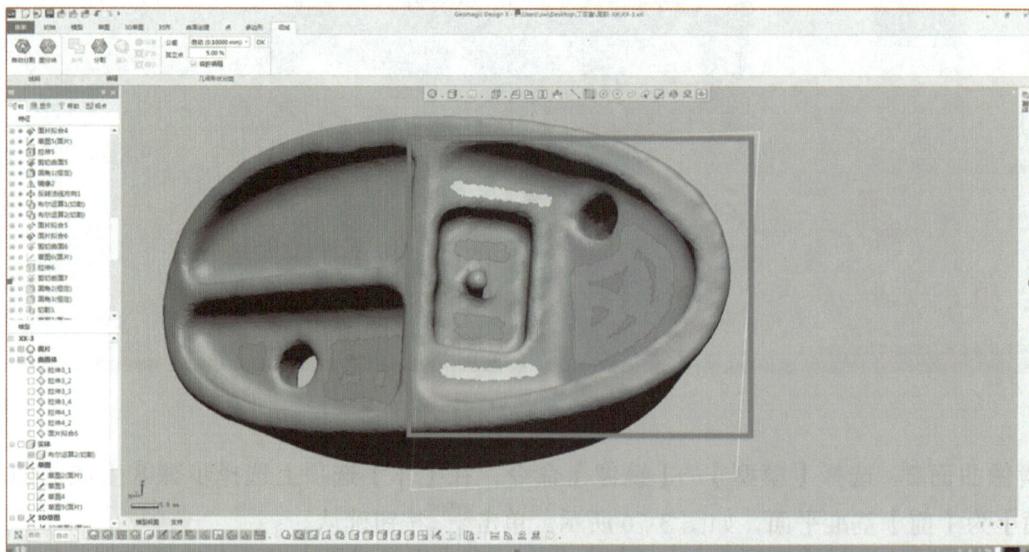

图 3-78　手动绘制领域

② 创建拟合曲面 3 和拟合曲面 4。选择【模型】→【面片拟合】命令，选择领域，创建拟合曲面 3 和拟合曲面 4，如图 3-79 所示。单击 ✔ 按钮确认。

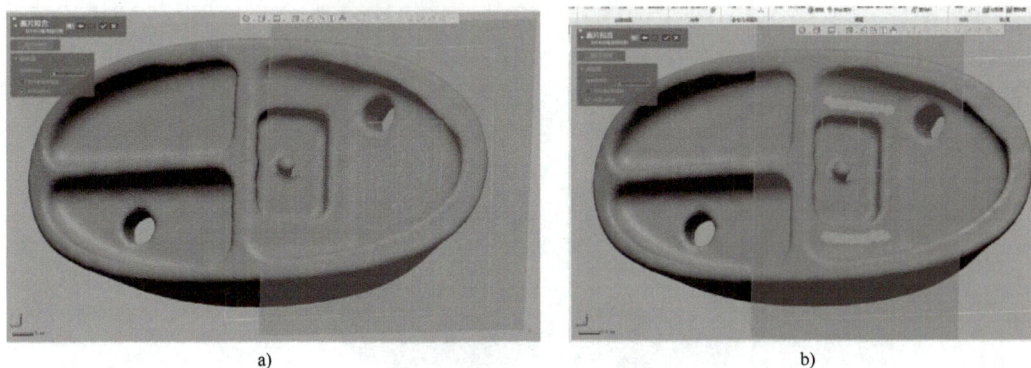

a)　　　　　　　　　　　　　　　　　　b)

图 3-79　创建拟合曲面 3 和拟合曲面 4

③ 剪切曲面 3。选择【模型】→【剪切曲面】命令，在【工具要素】选项上选择步骤②生成的拟合曲面 3 和拟合曲面 4，设置【对象】同样为拟合曲面 3 和拟合曲面 4，单击【下一阶段】按钮 ➡，设置【残留体】为两侧曲面，如图 3-80 所示。单击 ✔ 按钮确认。

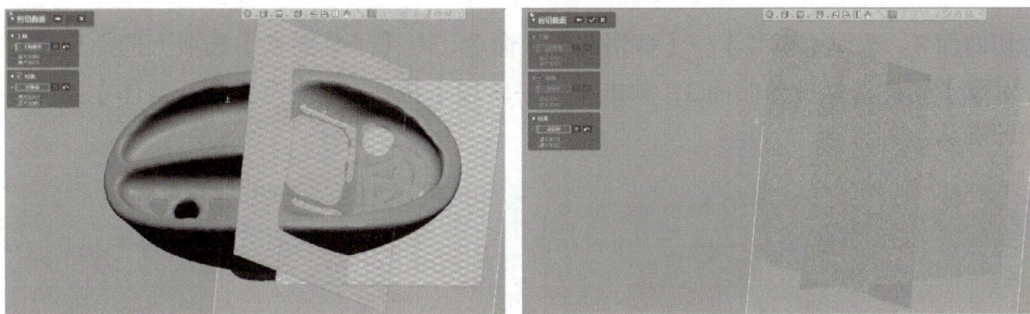

图 3-80　剪切曲面 3 并设置残留体 1

④ 面片草图 3。选择【草图】→【面片草图】命令，进入面片草图模式，以【拟合曲面 3】为基准平面，利用【3 点圆弧】命令，绘制面片草图 3，如图 3-81 所示。单击 ✔ 按钮确认。

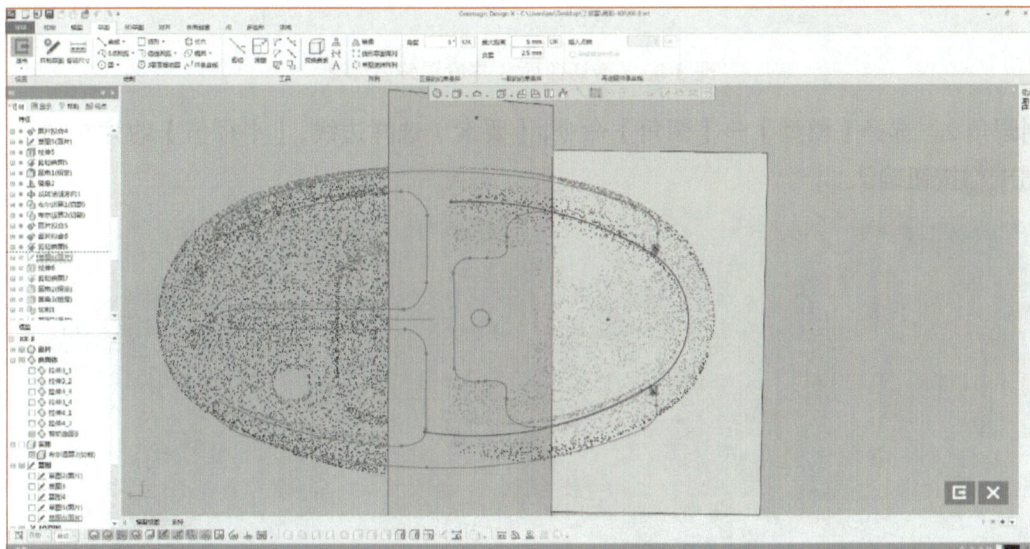

图 3-81　绘制面片草图 3

⑤拉伸曲面3。选择【模型】→【拉伸】命令，在【轮廓】选项上选择步骤④绘制的面片草图3，拉伸曲面，如图3-82所示。单击 ✓ 按钮确认。

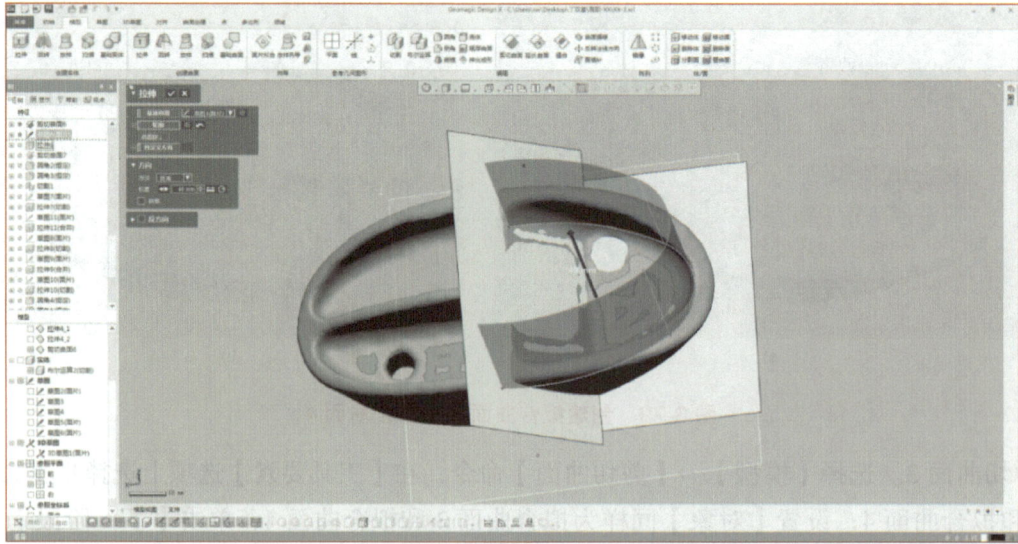

图3-82　拉伸曲面3

⑥剪切曲面3。选择【模型】→【剪切曲面】命令，在【工具要素】选项上选择步骤⑤生成的拉伸曲面，【对象】同样选择拉伸曲面3，单击【下一阶段】按钮 ➡，设置【残留体】如图3-83所示。单击 ✓ 按钮确认。

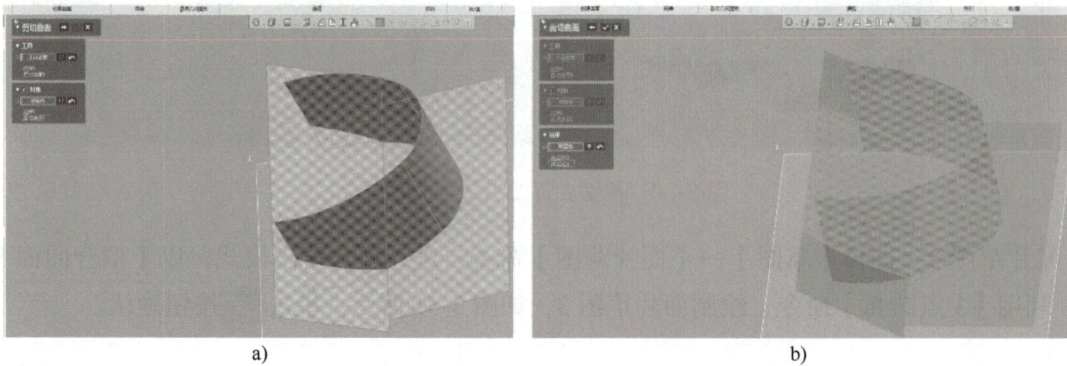

a)　　　　　　　　　　　　　　　　b)

图3-83　剪切曲面3并设置残留体2

⑦倒圆角2。选择【模型】→【圆角】命令，【要素】选择边线，【半径值】约为5mm，如图3-84所示。单击 ✓ 按钮确认。

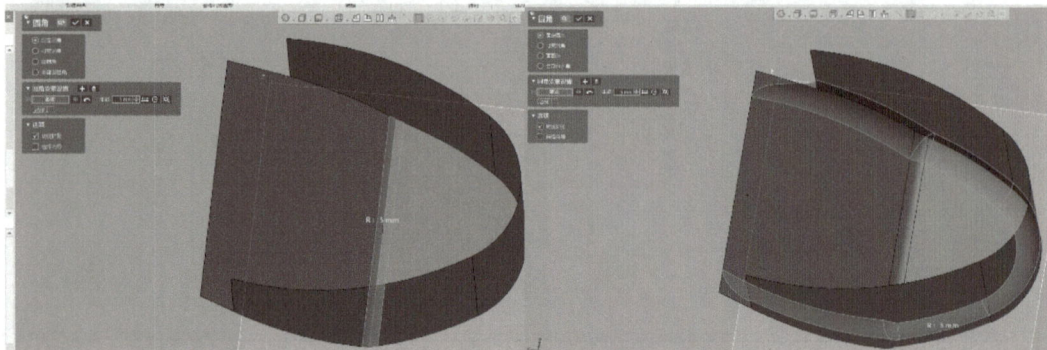

图3-84　倒圆角2

⑧ 切割实体2。选择【模型】→【切割】命令，在【工具要素】选项上选择步骤⑦生成的倒圆角曲面，【对象体】选择【实体】，设置【残留体】如图3-85所示。单击 ✓ 按钮确认。

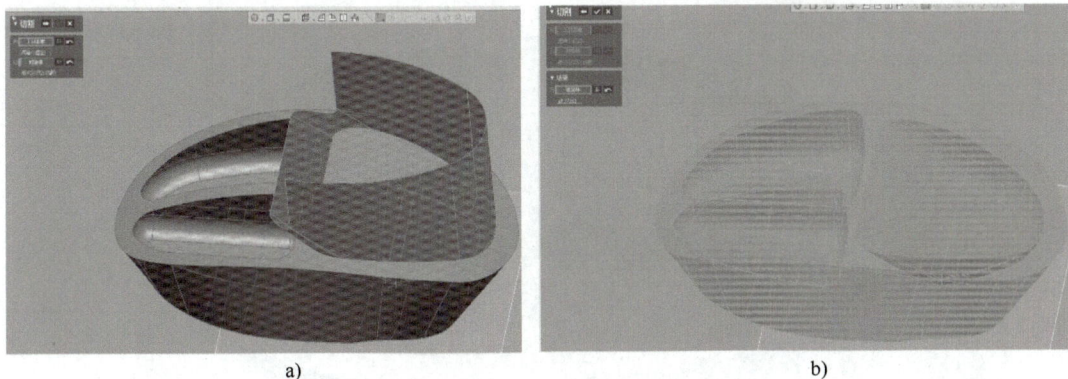

a)　　　　　　　　　　　　　　　　　b)

图3-85　切割实体2并设置残留体

3）创建特征Ⅲ。

① 面片草图4。选择【草图】→【面片草图】命令，进入面片草图模式，以【拟合曲面4】为基准平面，利用【3点圆弧】命令，绘制面片草图4，如图3-86所示。单击 ✓ 按钮确认。

② 拉伸曲面4。选择【模型】→【拉伸】命令，在【轮廓】选项上选择步骤①绘制的面片草图4，拉伸曲面【到领域】，【结果】为【切割】，如图3-87所示。单击 ✓ 按钮确认。

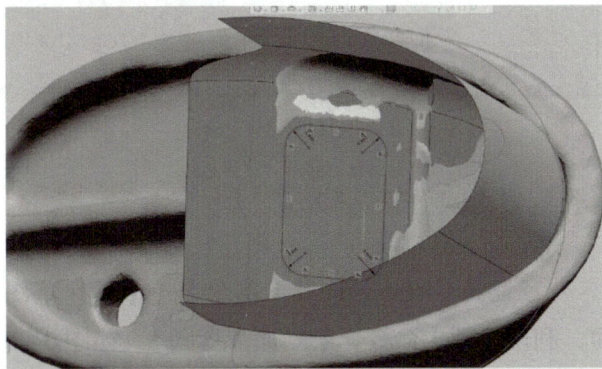

图3-86　绘制面片草图4

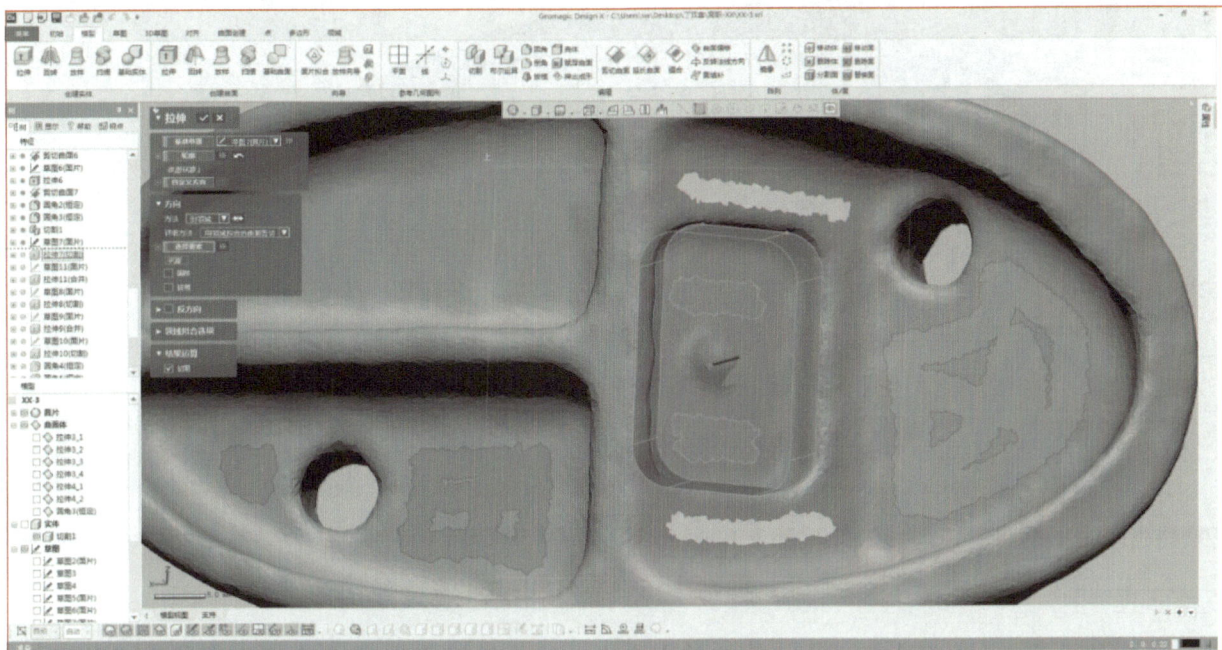

a)

图3-87　拉伸曲面4

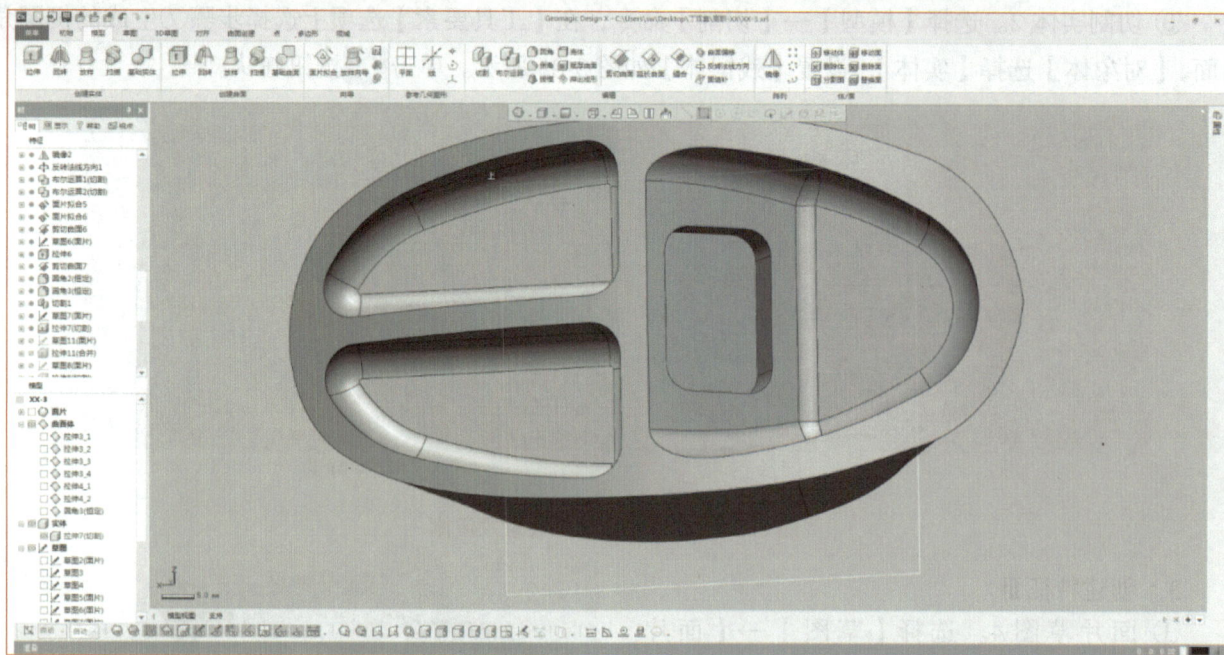

b)

图 3-87   拉伸曲面 4（续）

4）创建特征Ⅳ。

① 面片草图 5。选择【草图】→【面片草图】命令，进入面片草图模式，以【直面】为基准平面，利用【圆】命令，绘制面片草图 5，如图 3-88 所示。单击 ✓ 按钮确认。

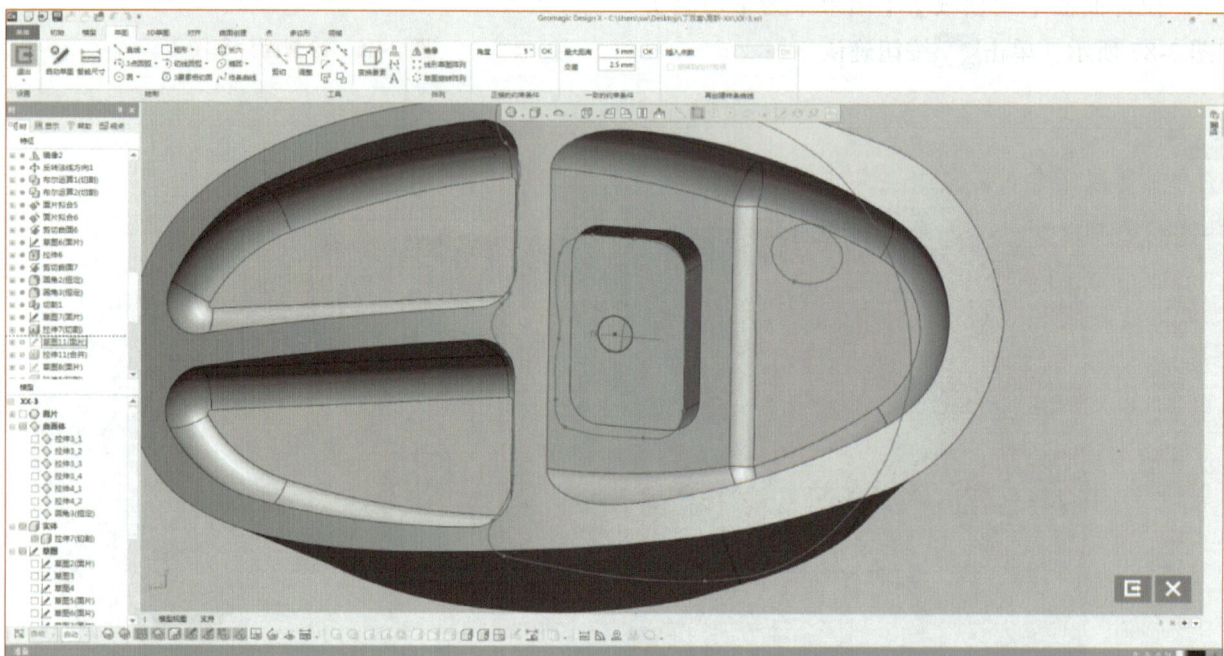

图 3-88   绘制面片草图 5

② 拉伸曲面 5。选择【模型】→【拉伸】命令，在【轮廓】选项上选择步骤①生成的面片草图 5，拉伸曲面，设置【距离】约为 5mm，【结果】勾选【合并】，如图 3-89 所示。单击 ✓ 按钮确认。

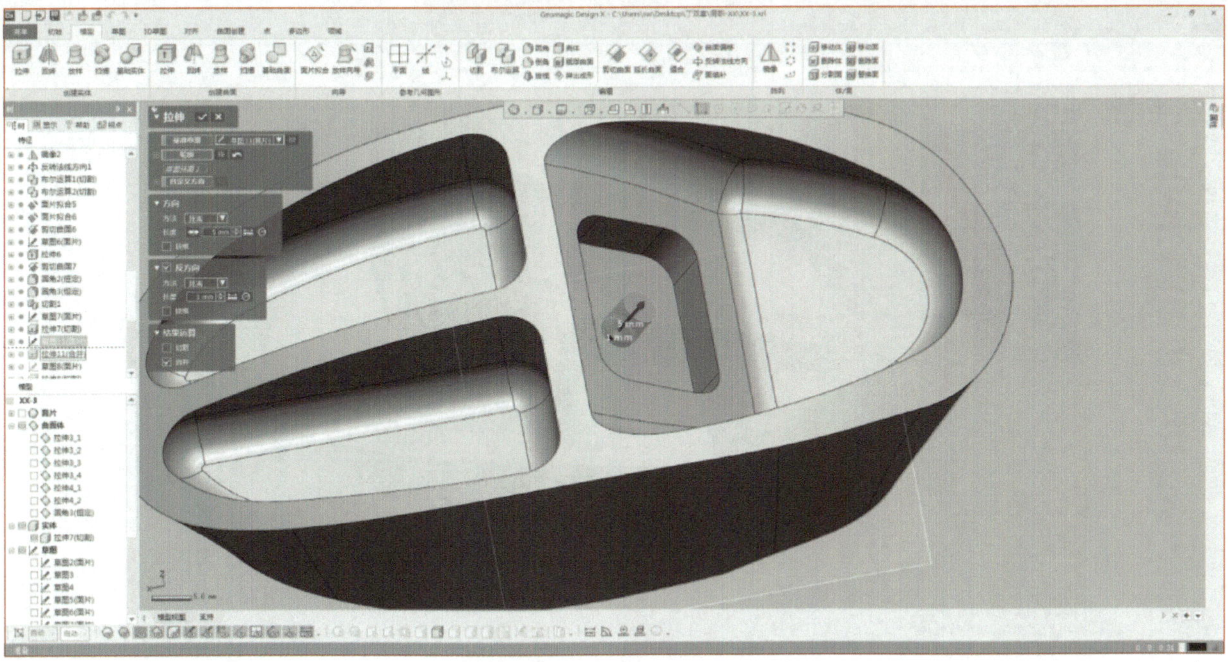

图 3-89　拉伸曲面 5

5）创建特征Ⅴ。

① 面片草图 6。选择【草图】→【面片草图】命令，进入面片草图模式，以【直面】为基准平面，利用【圆】命令，绘制面片草图 6，如图 3-90 所示。单击✓按钮确认。

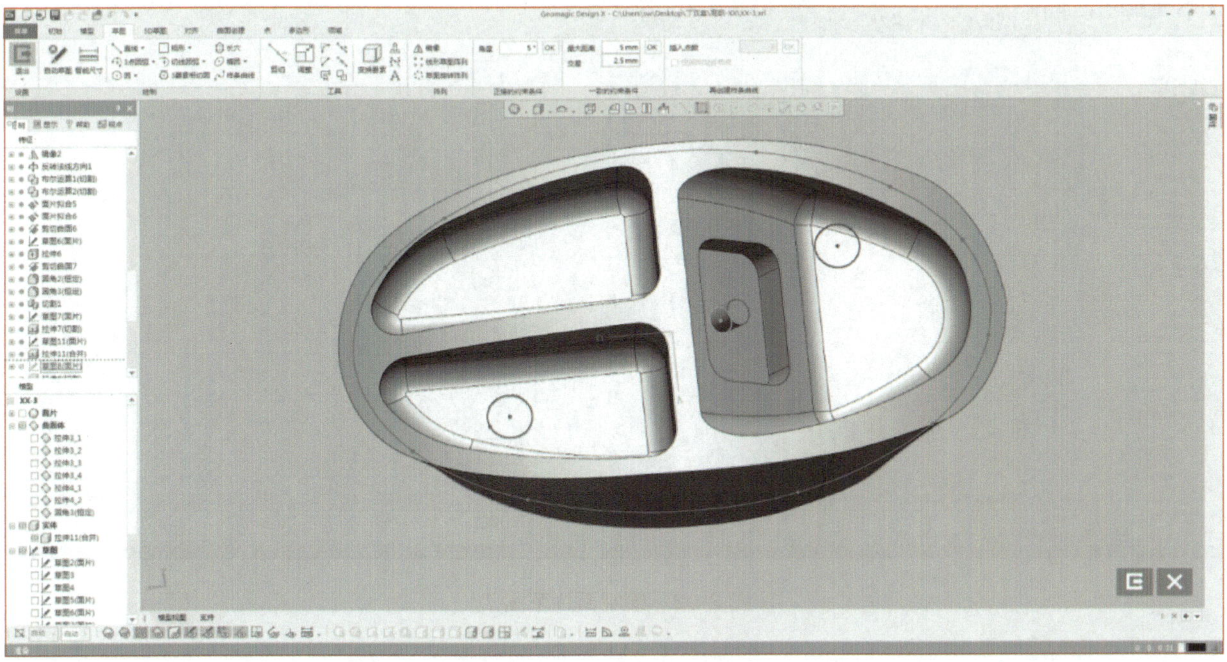

图 3-90　绘制面片草图 6

② 拉伸曲面 6。选择【模型】→【拉伸】命令，在【轮廓】选项上选择步骤①生成的面片草图 6，拉伸曲面，设置【距离】长些，【结果】勾选【切割】，如图 3-91 所示。单击✓按钮确认。

6）创建特征Ⅵ。

① 面片草图 7。选择【草图】→【面片草图】命令，进入面片草图模式，以【上】为基准平面，选择【矩形】→【圆角】命令，绘制面片草图 7，如图 3-92 所示。单击✓按钮确认。

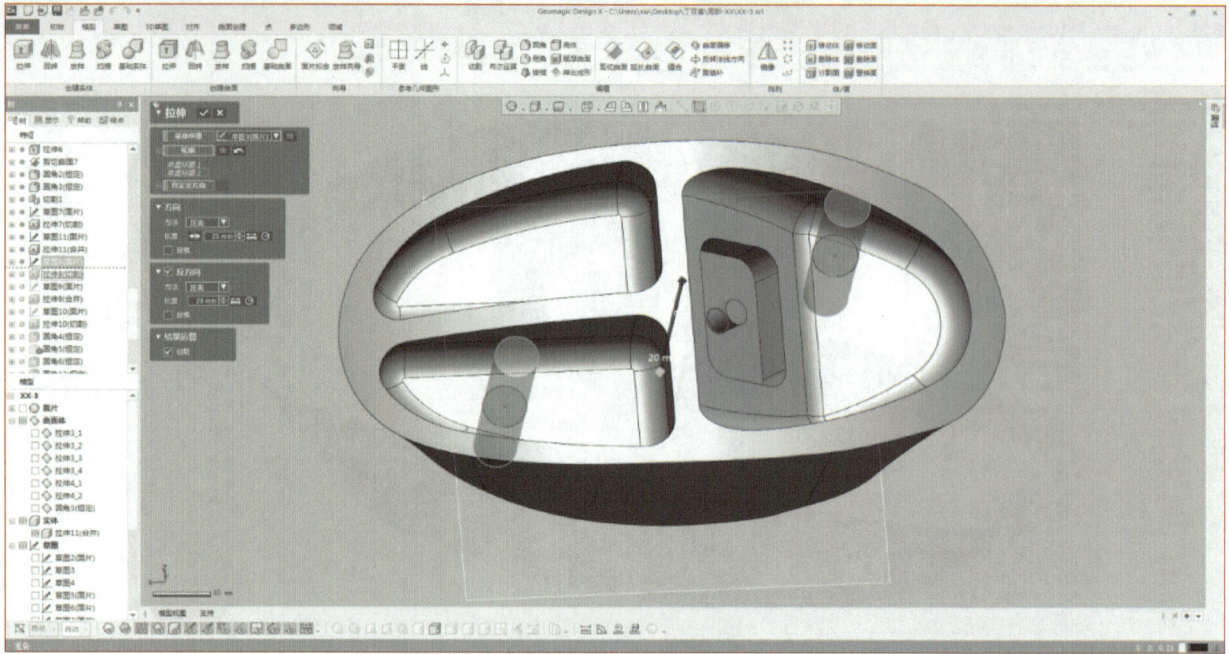

图 3-91　拉伸曲面 6

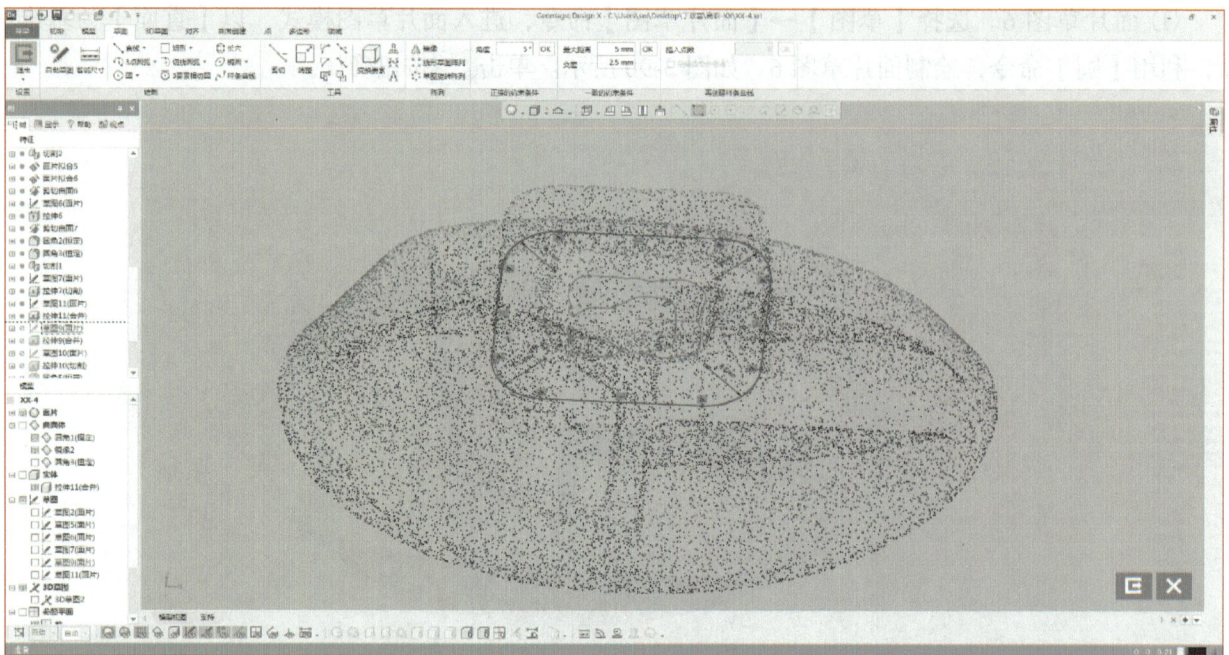

图 3-92　绘制面片草图 7

　　②拉伸曲面 7。选择【模型】→【拉伸】命令，在【轮廓】选项上选择步骤①生成的面片草图 7，拉伸实体，设置【距离】约为 12mm，【反方向】约为 8.5mm，【结果】勾选【合并】，如图 3-93 所示。单击 ✓ 按钮确认。

　　7）创建特征Ⅶ。

　　①面片草图 8。选择【草图】→【面片草图】命令，进入面片草图模式，以【上】为基准平面，选择【矩形】→【圆角】命令，绘制面片草图 8，如图 3-94 所示。单击 ✓ 按钮确认。

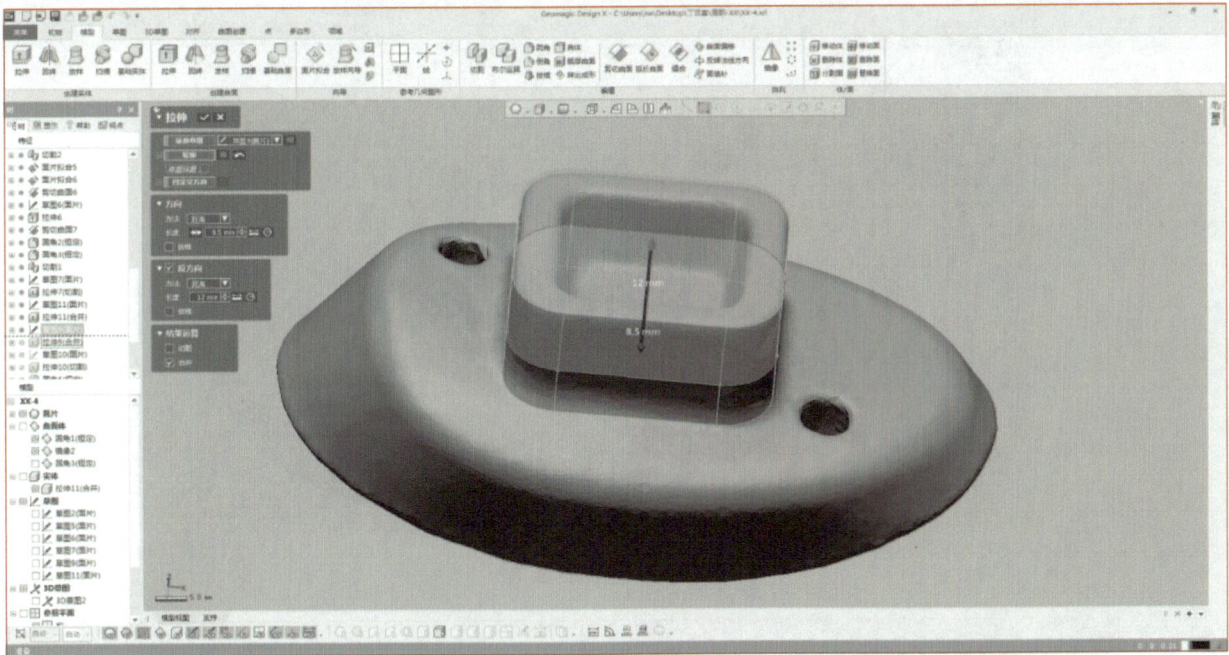

图 3-93　拉伸曲面 7

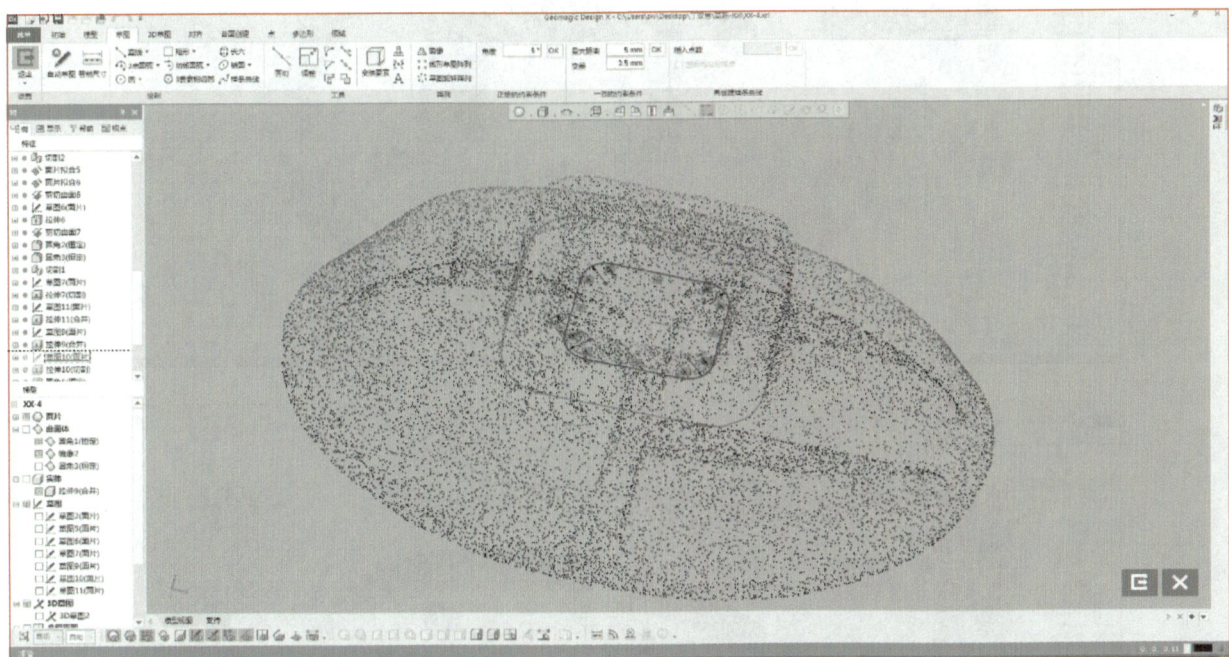

图 3-94　绘制面片草图 8

②拉伸曲面 8。选择【模型】→【拉伸】命令，在【轮廓】选项上选择步骤①生成的面片草图 8，拉伸实体，距离适当即可，设置【拔模角度】约为 15°，【结果】勾选【切割】，如图 3-95 所示。单击✔按钮确认。

（7）倒圆角 2　选择【模型】→【圆角】命令，对步骤（6）创建的实体进行倒圆角操作，【要素】选择边线，如图 3-96 所示。单击✔按钮确认。

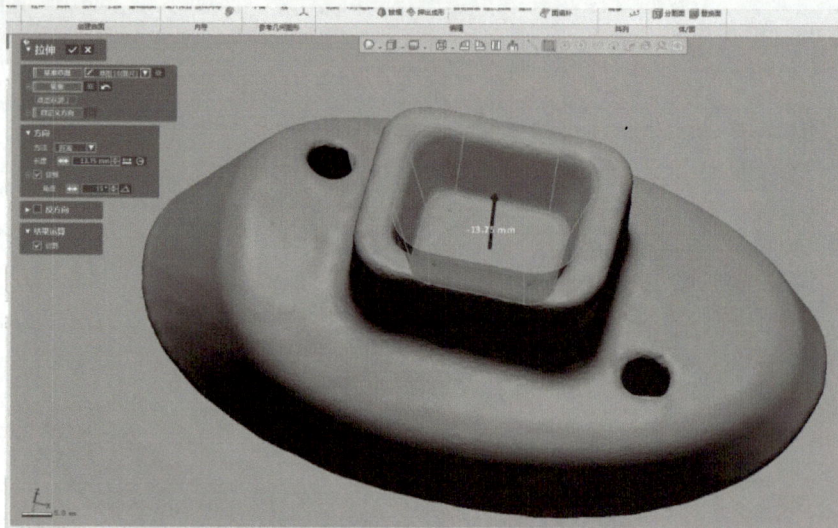

图 3-95 拉伸曲面 8

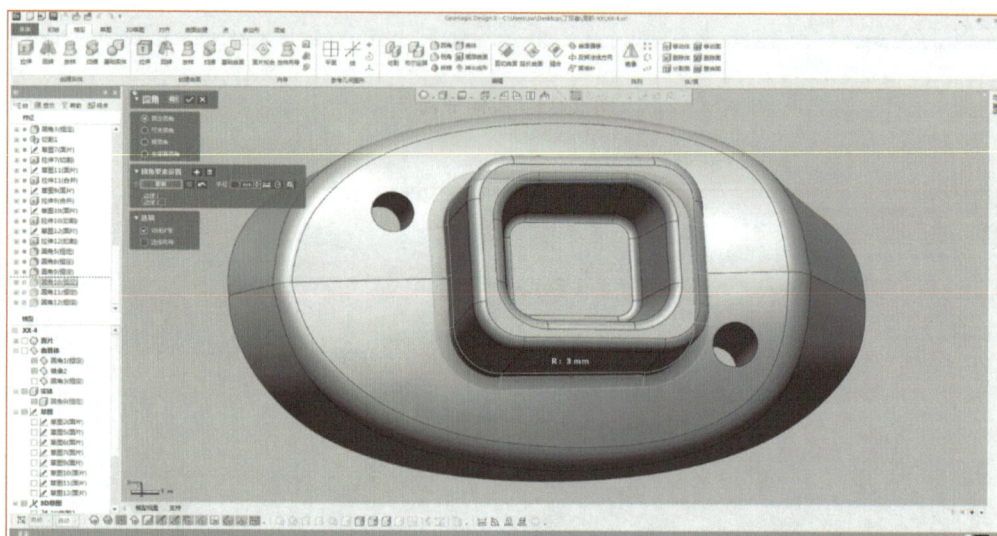

a)

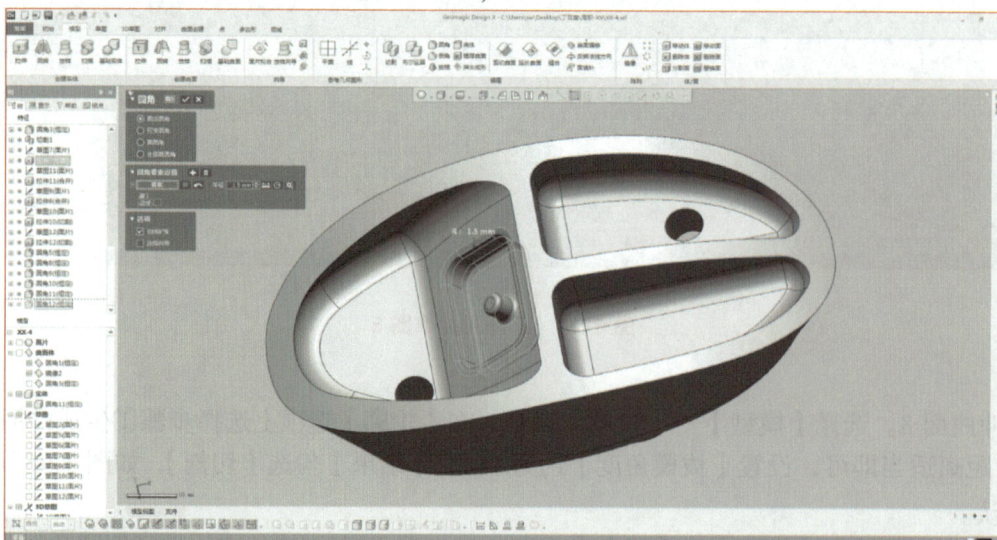

b)

图 3-96 倒圆角 2

最终效果如图 3-97 所示。

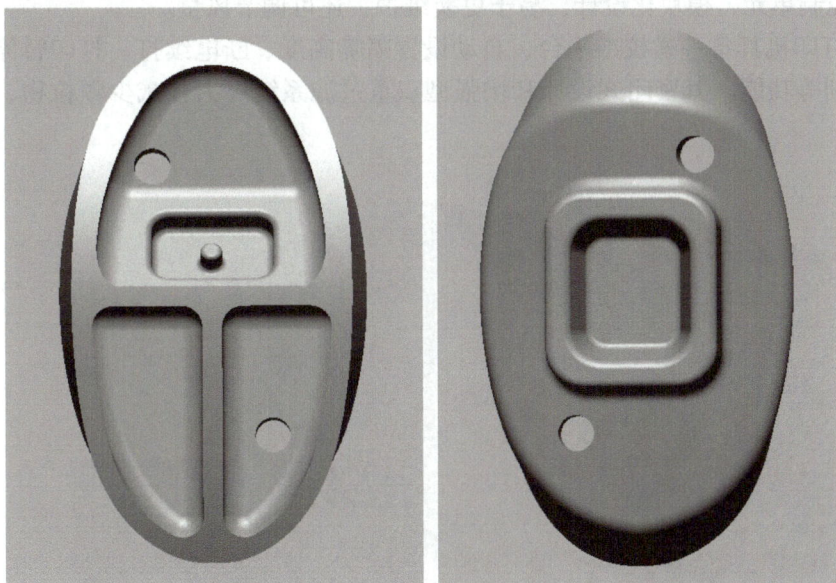

图 3-97　最终效果

（8）保存数据　选择【菜单】→【文件】→【输出】命令，【要素】选择实体模型，单击 ✔ 按钮，选择保存位置，设置保存格式为 .stp 或 .igs，如图 3-98 所示。

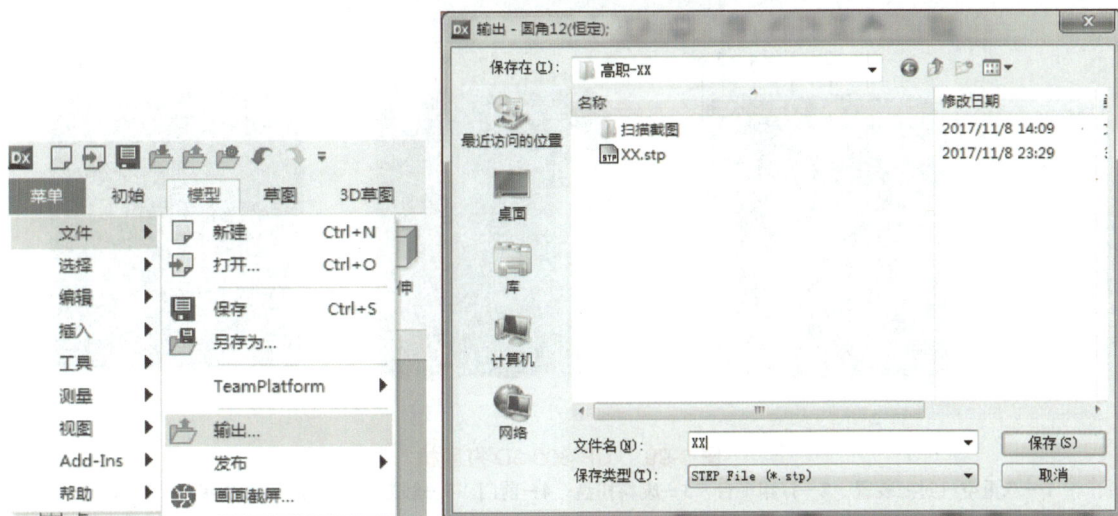

图 3-98　保存数据

二、3D 打印实例

（一）3D 打印设备及操作

1. 3D 打印设备

UP 300 是工程级 3D 打印机（图 3-99），适用于高要求、高频次打印场景，可满足教学、研发、赛事、工程等需求，支持多种工业级材料，打印精度高且稳定。它采用熔融沉积成型工艺，通过切片软件将三维模型分层切片生成机器代码，控制喷头加热和挤料系统，逐层堆叠热熔材料制造产品样件、模型或模具。

UP 300 为全封闭结构，打印精度可校准，配备 ABS、PLA 类丝材及柔性丝材打印喷头，适应多

UP 300
3D 打印
设备

种材质,打印稳定。喷头有 0.2mm、0.4mm、0.6mm 三种规格,可实现高精度、高细节或快速打印,并采用近程送丝控制单元,模块化设计,易于更换维护,还可调节风量。

UP 300 3D 打印机具备一键校准平台、自动设置喷嘴高度、断电续打、打印暂停、断丝检测、重复打印、门禁识别等功能。其密闭式设计和增强型双重过滤系统可大幅减少颗粒物、超细颗粒物和有害挥发物排放。

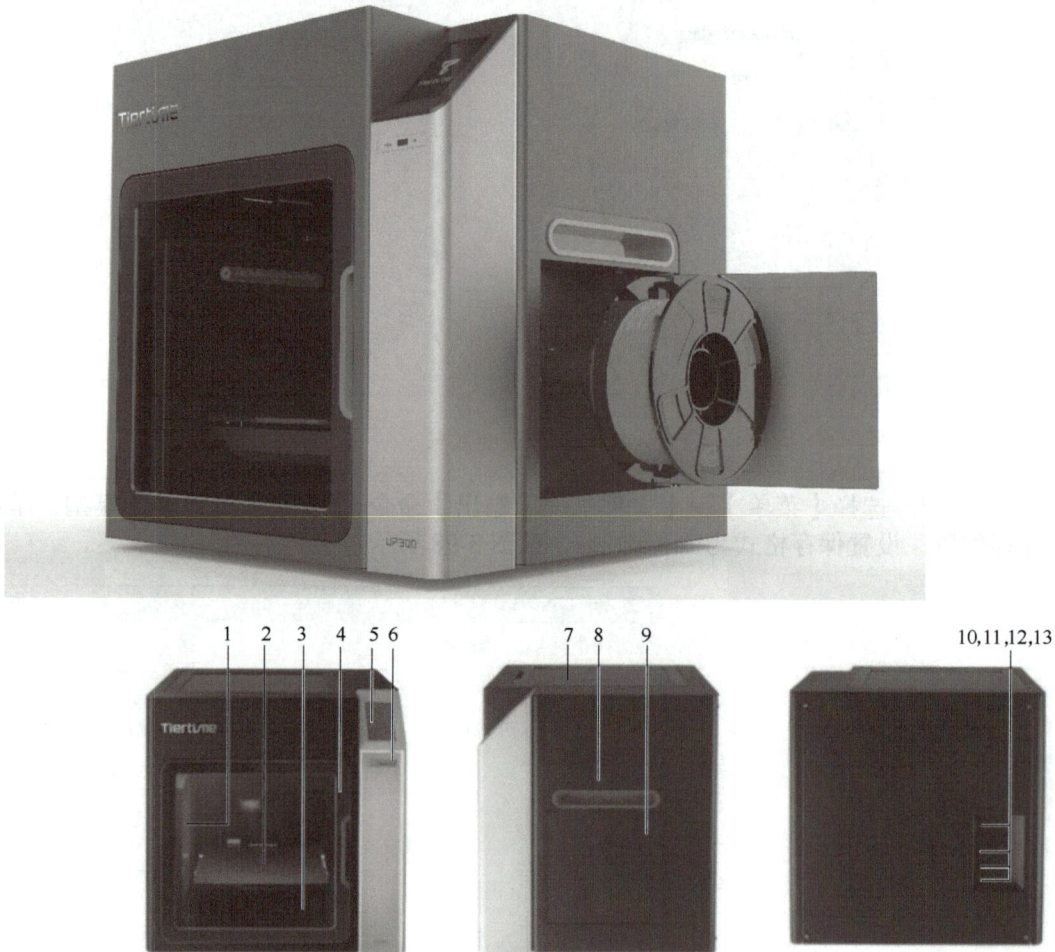

图 3-99　UP 300 3D 打印机

1—双重空气过滤装置　2—打印平台　3—废料托盘　4—前门　5—触摸屏　6,12—USB 接口　7—顶盖
8—侧面抠手　9—丝材仓　10—电源开关　11—以太网接口　13—电源接口

表 3-1 列出了 UP 300 3D 打印机的技术参数。

表3-1　UP 300 3D打印机的技术参数

项目		技术参数
打印	成型尺寸	255mm×205mm×225mm
	打印喷头	模块化易于更换,包括 ABS 打印喷头、PLA 打印喷头、软性材料打印喷头等
	打印层厚度	0.05mm、0.1mm、0.15mm、0.20mm、0.25mm、0.30mm、0.35mm、0.40mm
	支撑结构	采用智能支撑生成技术,可自动生成易于剥除,能对支撑结构进行微调
	打印平台校准	全自动调平,能自动设置喷头高度
	打印表面	加热平台配备 ABS 打印表面,可满足打印需求
	断电续打	支持

（续）

项目		技术参数
打印	断丝检测	支持
	脱机打印	支持
	运行噪声	≤ 47dB
	高级功能	配备门禁系统和增强型双重空气过滤功能
耗材	UP PLA	灰／绿／蓝／白／原色／橙／酒红（耗材直径为 1.75mm）
	UP ABS	黑／白／红／蓝／绿／黄／橙／冰蓝／紫（耗材直径为 1.75mm）
供电	配套电源适配器	交流电压：110 ～ 240V，50 ～ 60Hz，220W
机械结构	机身	全封闭式，塑料外壳加金属骨架
	整机重量	40kg
	机身尺寸	500mm × 523mm × 460mm

2. 打印前准备

（1）打印底板的安装　UP 300 配有多孔玻璃打印板和麦拉片玻璃打印板，如图 3-100 所示。多孔玻璃打印板表面适用于有底座的打印方式，特别适合易翘曲的材料，如 ABS 等；如果需要无底座打印，则可直接使用玻璃表面，但是需要搭配蓝色胶带或涂抹胶水。

打印前准备

a) 多孔玻璃打印板　　　　　　b) 麦拉片玻璃打印板

图 3-100　UP 300 打印板

安装打印底板时，请将多孔玻璃打印板的正面朝上，将打印底板推入打印平台，并确认每个插槽已正确卡住打印底板（图 3-101）。如果需要进行无底座打印（即直接打印模型本体），则应将玻璃打印板朝上安装，并根据需要涂上胶水或粘贴蓝色胶带。

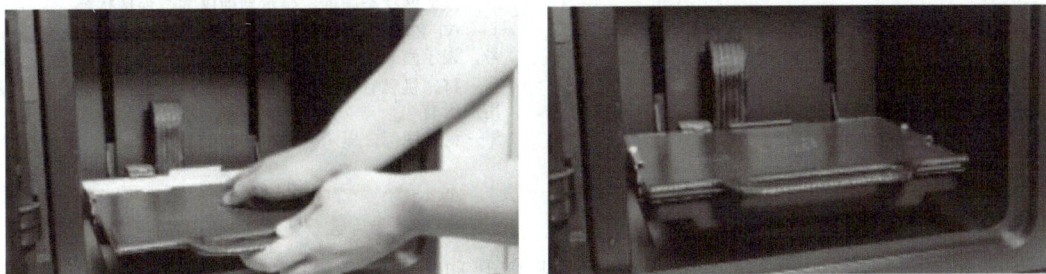

图 3-101　打印底板安装

（2）UP 300 3D 打印机触摸屏界面　UP 300 3D 打印机开机后的界面如图 3-102 所示。各功能键名称和作用见表 3-2。

表3-2　UP 300 3D打印机各功能键名称和作用

名称	图标	作用
材料		1. 更换材料种类 2. 撤回材料 3. 挤出材料 4. 设置材料重量
校准		1. 自动喷嘴对高 2. 手动设置喷嘴高度 3. 打印平台水平校准
打印		1. 显示当前打印任务 2. 查询历史打印任务 3. 显示当前打印任务信息 4. 暂停当前打印任务，可更换材料等
设置		1. 显示打印机名称 2. 打印机设置：按键声音、平台预热、私有化 3. 局域网或 Wi-Fi 网络设置
信息		1. 显示打印机基本信息：型号、序列号、固件版本、触摸屏版本、累计运行时长、累计材料消耗重量、有线 MAC 地址、无线 MAC 地址 2. 重置 3. 系统语言设置
初始化		初始化打印机

在触摸屏上方显示打印机当前状态，包括温度、网络状况、Wi-Fi 状态、打印机私有化及材料状况，如图 3-103 所示。

图3-102　UP 300 3D打印机开机后的界面

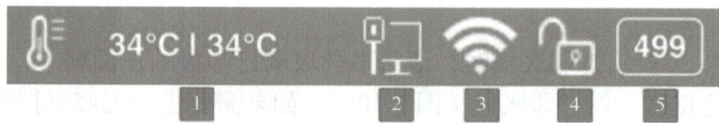

1—温度显示图标，可显示当前喷嘴温度、当前打印平台温度
2—以太网状态图标，显示当前以太网连接状态
3—Wi-Fi状态图标，显示当前Wi-Fi连接状态。如果出现红色叹号，表示尚未连接；如果无红色叹号，表示网络已经连接
4—打印机私有化图标，私有锁表示这台打印机已经被设为个别用户所有
5—材料图标，显示当前材料种类和余量

图3-103　打印机当前状态中各显示图标

用户可根据实际情况设置材料、进行平台水平高度和喷嘴高度校准、初始化打印机、加载丝材等操作。

3. 手动校准喷嘴高度和平台

在打印过程中，如果出现丝材与打印底板粘接不牢、喷头在打印底座的第一层时刮蹭打印底板并发出响声或出现震动等情况，此时需要调整喷嘴高度。除了可以通过【自动对高】功能重新校准，还可以通过手动校准来设置喷嘴高度。

（1）手动校准喷嘴高度

1）单击【校准】按钮，在弹出的【平台校准】对话框中，在【喷嘴高度】选项中显当前的喷嘴高度值，如图 3-104 所示。

2）观察平台 9 个校准点的数值，选取数值为【0.00】的点，并单击相应的数字，喷头会移动到该点。如图 3-105 所示，第 3 点的数值为【0.00】，单击数字【3】即可。当喷头移到指定位置时，将校准片放置在平台相应的校准点附近，如图 3-106 所示。

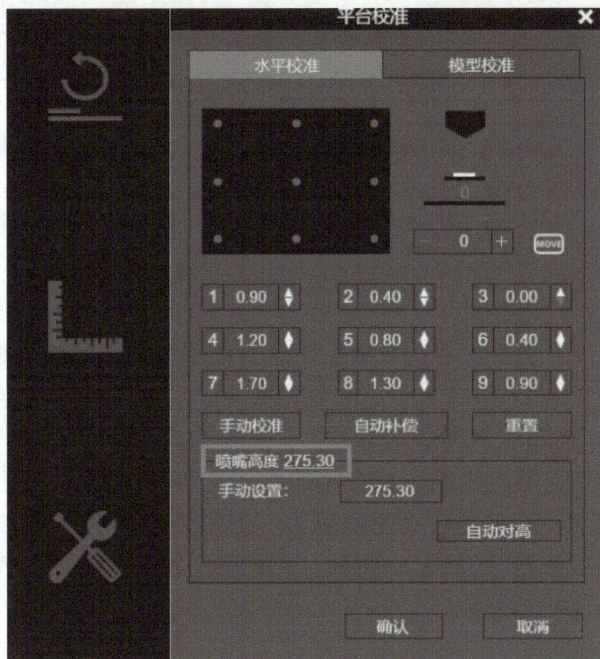

图 3-104　平台校准界面

3）根据当前喷嘴高度，将喷嘴移动到接近该高度的位置，如图 3-107 所示，例如，如果当前喷嘴的高度为【275.30】，则输入喷嘴移动高度为【274.30】。单击【MOVE】按钮，喷嘴将移动到【274.30】的位置。单击【+】按钮缓慢提升打印平台，直至喷嘴接触到校准片，然后缓慢平移校准片。

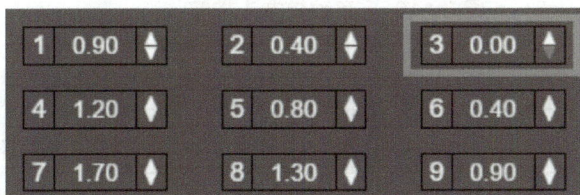

图 3-105　校准点数值

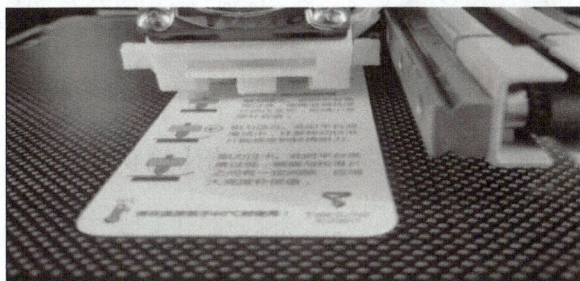

图 3-106　放置校准片

图 3-107　移动喷嘴高度

4）当移动校准卡感受到一定阻力时（图 3-108），说明当前平台高度的数值合适。请将该数值填入【手动设置区域】文本框，最后单击【确认】按钮，如图 3-109 所示。

（2）手动校准平台　如果 9 个校准点中某个补偿值超过 0.5mm，需要调整打印平台下方的 4 个螺母，使各点的补偿值均在 0.5mm 以内。为实现更好的打印质量，可以用手动方式对 UP 300 3D 打印机进行手动校准调平（图 3-110）。

手动校准喷嘴高度和平台

UP 300 3D 打印设备 9 个点自动水平校准

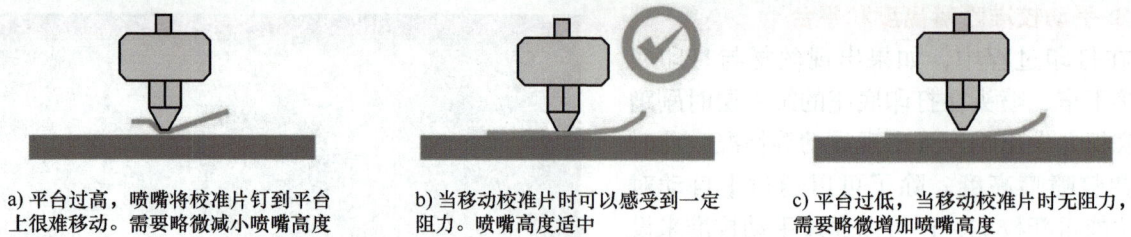

a) 平台过高，喷嘴将校准片钉到平台上很难移动。需要略微减小喷嘴高度

b) 当移动校准片时可以感受到一定阻力。喷嘴高度适中

c) 平台过低，当移动校准片时无阻力，需要略微增加喷嘴高度

图 3-108　喷嘴距校准卡的距离判断

1）单击【手动校准】按钮。在平台上第 1 点附近放置校准卡，并将 9 个点的数值重置为【0】（注意：如果没有将 9 个点的数值重置，当移动到某个点时，喷嘴高度会加上当前补偿值，导致数据错误）。按照软件提示，从第一个点开始校准。

2）单击蓝色区域右侧的上下箭头升降喷头，直到喷嘴刚好触碰校准卡。在喷嘴和平台之间移动校准卡，查看是否有滑动阻力。当阻力合适后，单击向右箭头进入下一个校准点。按照软件提示的顺序逐个校准剩余的 8 个点，并保持每个点中喷嘴与校准片的滑动阻力一致，最后单击【确认】按钮，如图 3-111 所示。

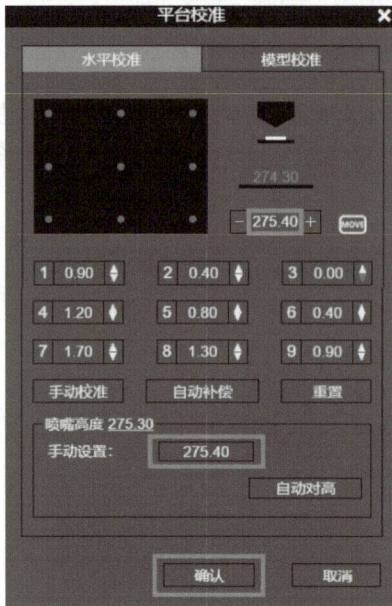

图 3-109　手动设置平台高度

图 3-110　【手动校准】按钮

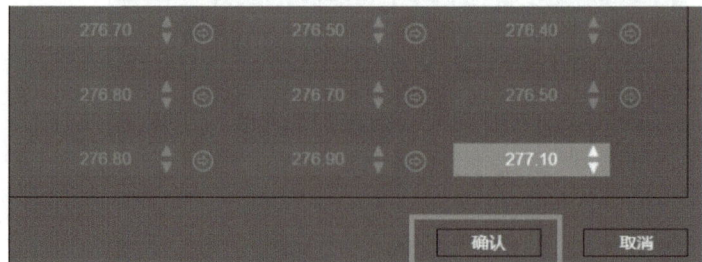

图 3-111　完成 9 个点的校准

3）软件将根据 9 个校准点的值计算补偿值，并确定喷嘴高度。继续单击【确认】按钮，如图 3-112 所示。

4）根据已经记录 9 个校准点的补偿值确定喷嘴高度，单击"确认"按钮完成手动校准，如图 3-113 所示。

4. 网络连接设置

网络连接设置可以通过触摸屏将 UP 300 3D 打印机连接到"以太网络"或"无线网络"，并进行相关网络设置。

（1）以太网络连接与设置　将网线插入 UP 300 3D 打印机的以太网接口，打印机将优先选择网线进行连接。观察触摸屏状态栏是否出现以太网络连接状态图标。确认图标出现后，单击触摸屏上的【信息】按钮，进入网络设置页面进行编辑（图 3-114）。以太网连接设置的各项功能见表 3-3。

网络连接设置

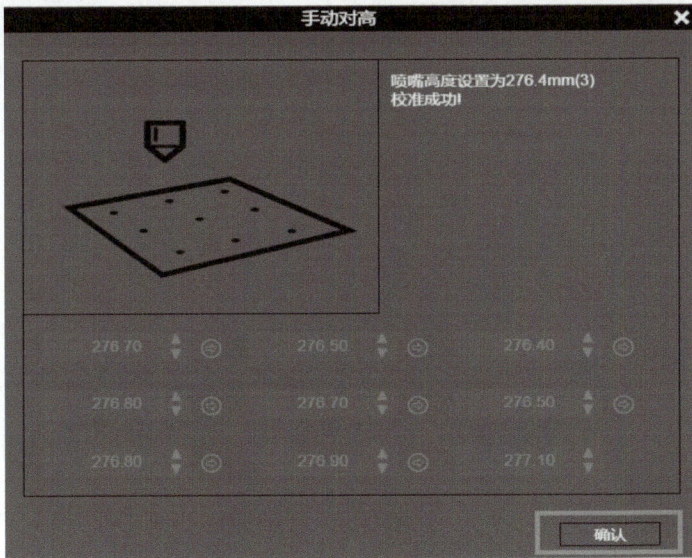

图 3-112　确定喷嘴高度

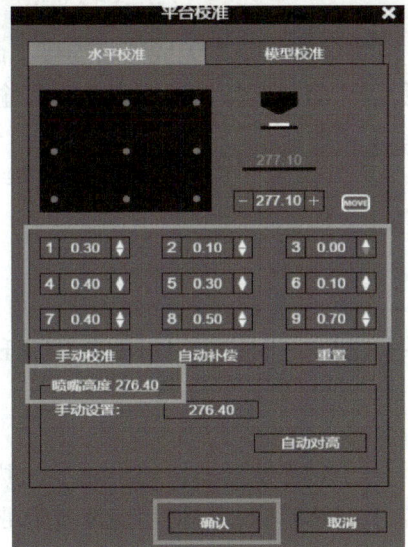

图 3-113　完成手动校准

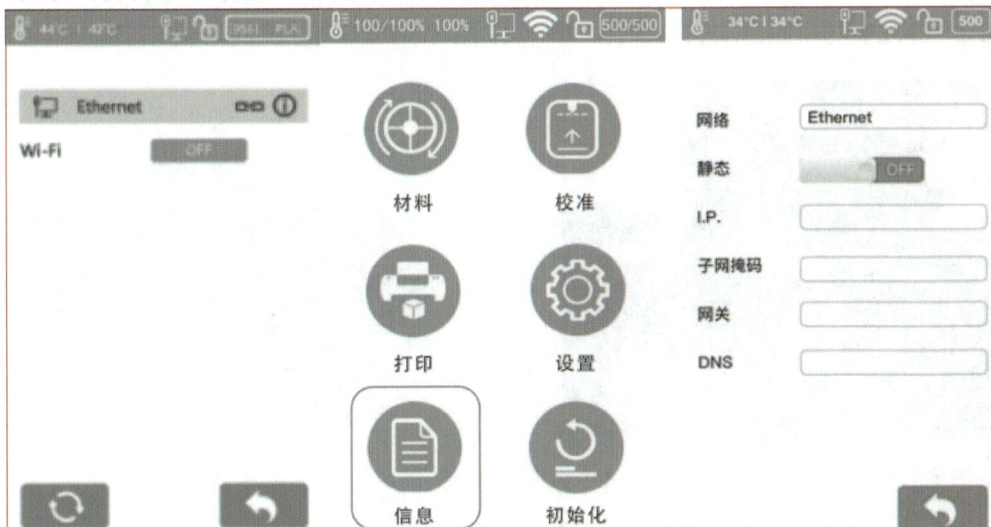

图 3-114　以太网连接与设置

表3-3　以太网连接设置的各项功能

名称	图标		描述
网络连接类型 / 名称	网络	Ethernet	以太网络名称
静态 IP	静态	OFF	开启 / 关闭打印机静态 IP 地址
IP 地址	I.P.	192.168.7.111	单击文本框，编辑打印机 IP 地址，单击【返回】按钮保存设置
子网掩码	子网掩码	255.255.255.255	单击文本框，编辑子网掩码地址，单击【返回】按钮保存设置
网关地址	网关	192.168.7.1	单击文本框，编辑网关地址，单击【返回】按钮保存设置
域名解析	DNS	192.168.1.253	单击文本框，编辑域名解析地址，单击【返回】按钮保存设置
页码		5/20	当前页 / 页码，单击页码翻页
退出			返回主菜单

（2）无线网络连接与设置　选择【设置】→【网络连接】→【无线网络连接】命令，显示图 3-115 所示界面。选择无线网络名称并输入密码，单击【连接】按钮 ![]。

连接成功后，打印机触摸屏界面状态栏中的红色【！】号消失。

5. 打印

在当前打印任务列表中，可对打印任务进行逐一管理，同时也可以对历史打印任务列表进行编辑。

6. 打印机的日常维护

（1）喷头维护

1）喷嘴更换。先将喷头加热至接近打印温度，戴上耐热手套，并使用随设备附带的喷嘴扳手拧松并卸下喷嘴（图 3-116）。继续加热喷头，安装新喷嘴并用扳手将新喷嘴（图 3-117）拧紧。

注意：当喷嘴在常温状态下会因过紧而难以拧松。如果不加热而强行拧开喷嘴，可能会损坏喷头的加热模块。

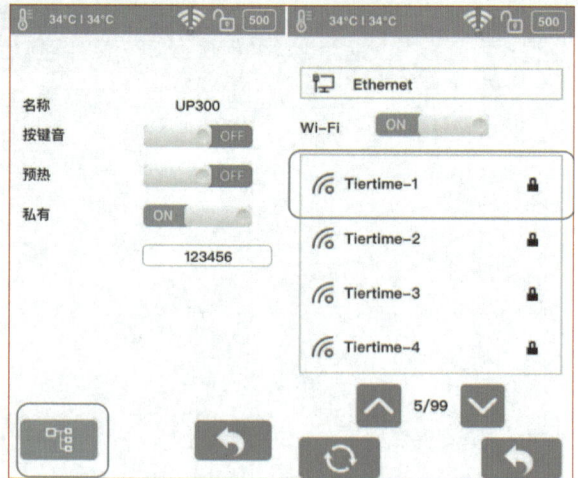

图 3-115　无线网络设置

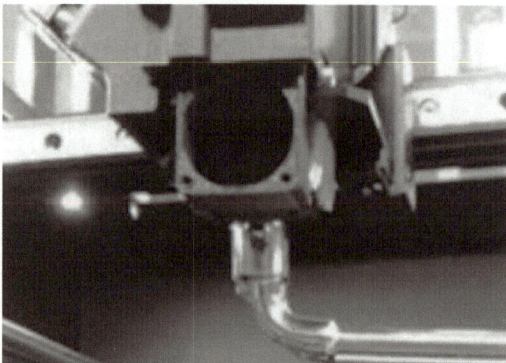

图 3-116　拧松 / 拧紧喷嘴

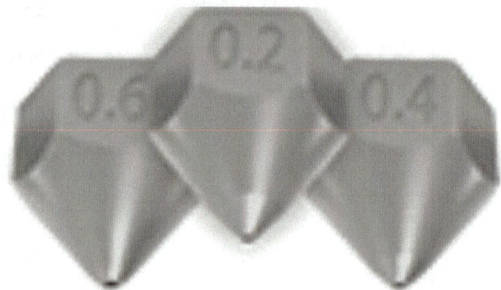

图 3-117　喷嘴

2）喷头维护。首先撤回喷头内的材料，卸下喷头顶部 CFC 电线罩，并拔下喷头的 CFC 电线（如图 3-118 所示）。再将喷头从喷头座上取下，将风扇电线从喷头转接电路板上拔下，然后轻轻拉出喷头壳（图 3-119）。喷头内部结构如图 3-120 所示。最后卸下加热模块和散热器。具体操作步骤为：卸下固定散热器在喷头电动机上的 2 个 M3 螺钉；拔下加热模块的电线，卸下 2 个 M2.5 螺钉，松开喷头转接电路板；卸下 M2.5 螺钉，并松开三角形配件；拆下加热模块，如图 3-121 所示。

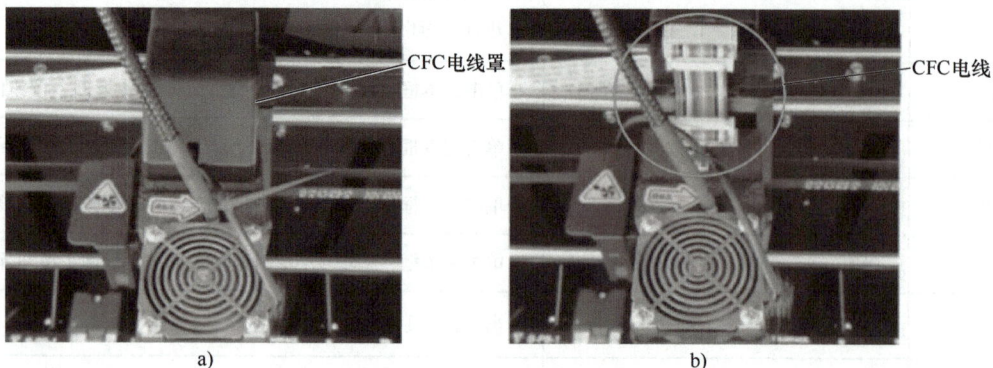

a)　　　　　　　　　　　　b)

图 3-118　取下 CFC 电线

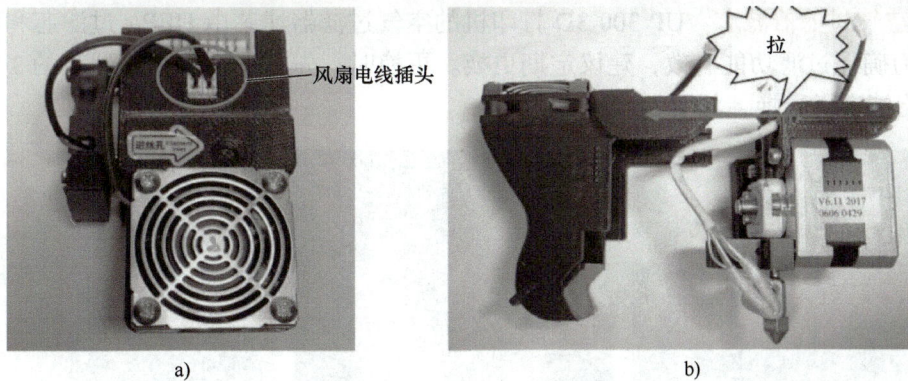

a)   b)

风扇电线插头

图 3-119 拉出喷头壳

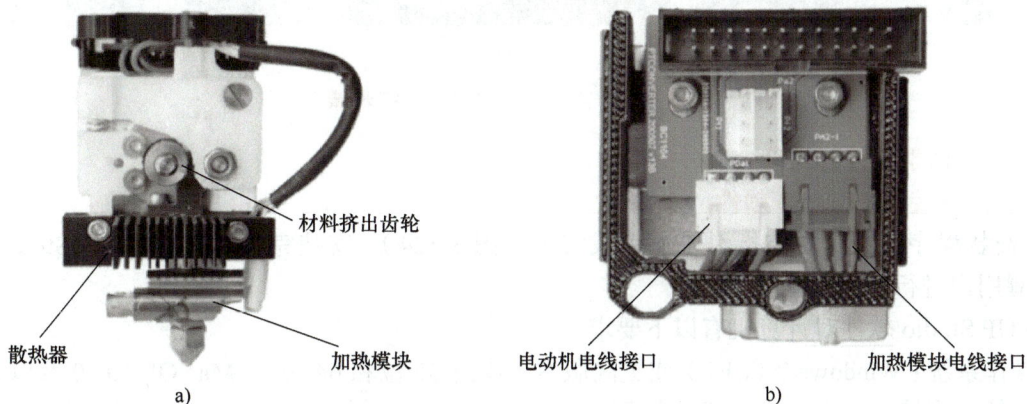

材料挤出齿轮

散热器   加热模块

电动机电线接口   加热模块电线接口

a)   b)

图 3-120 喷头内部结构

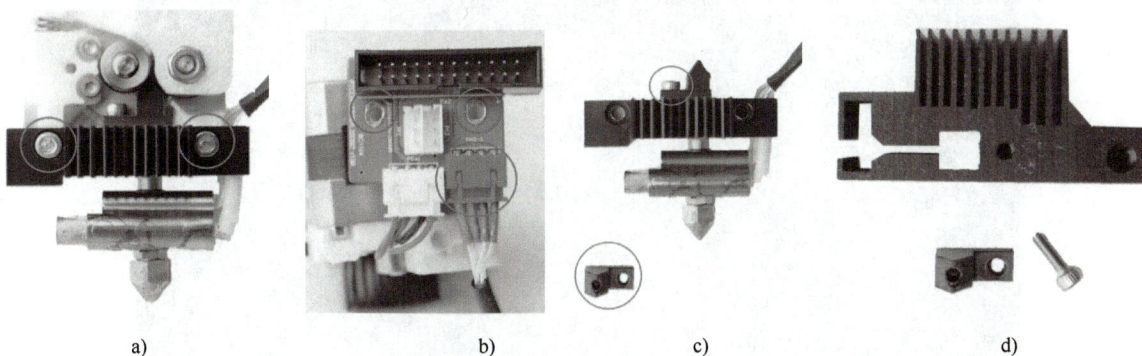

a)   b)   c)   d)

图 3-121 卸下加热模块和散热器

（2）清理废料盘 UP 300 3D 打印机的内置废料盘（图 3-122）位于打印平台正下方，用于收集打印机工作时产生的材料碎屑。清理废料盘的顺序为：暂停打印工作，升起打印平台，取出位于打印机下部的废料盘，将废料盘中的废料倒入相应回收箱，并将废料盘放回打印机中。

图 3-122 内置废料盘

（3）更换空气过滤器滤芯　UP 300 3D 打印机的空气过滤器滤芯由 HEPA 过滤芯和活性炭过滤芯两部分组成。为确保过滤功能有效，建议定期更换。更换时，先拧下空气过滤器上的 3 颗螺钉，取下上盖，然后拉出滤芯并更换，如图 3-123 所示。

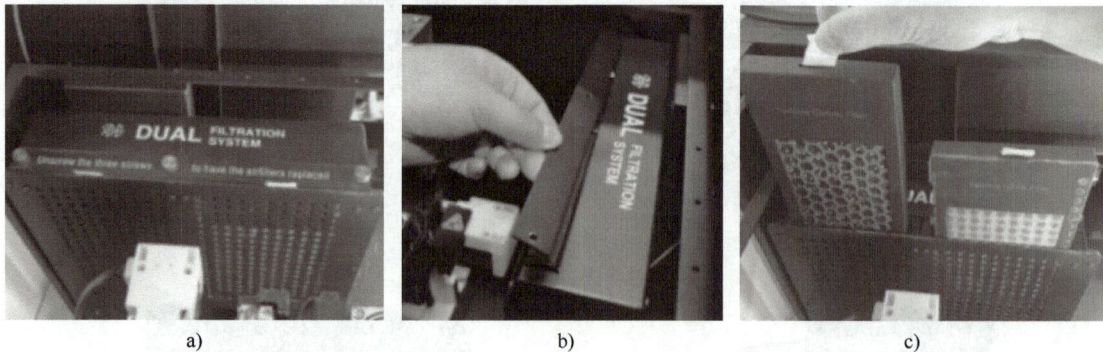

a)　　　　　　　　　　b)　　　　　　　　　　c)

图 3-123　空气过滤器滤芯更换步骤

下载并安装
UP Studio
软件

（二）三维模型切片与打印

1. 下载并安装 UP Studio 软件

双击安装程序，按照安装指引快速完成安装（图 3-124）。安装完毕后，如果 UP Studio 有更新，软件将提醒用户进行下载和安装。

安装 UP Studio 软件对计算机有以下要求。

1）操作系统：Windows 7（SP1）或更高版本（支持 32 位和 64 位），Mac OS 10.10 及以上版本。

2）硬件：支持 OpenGL 2.0，至少需要 4GB 的 RAM。

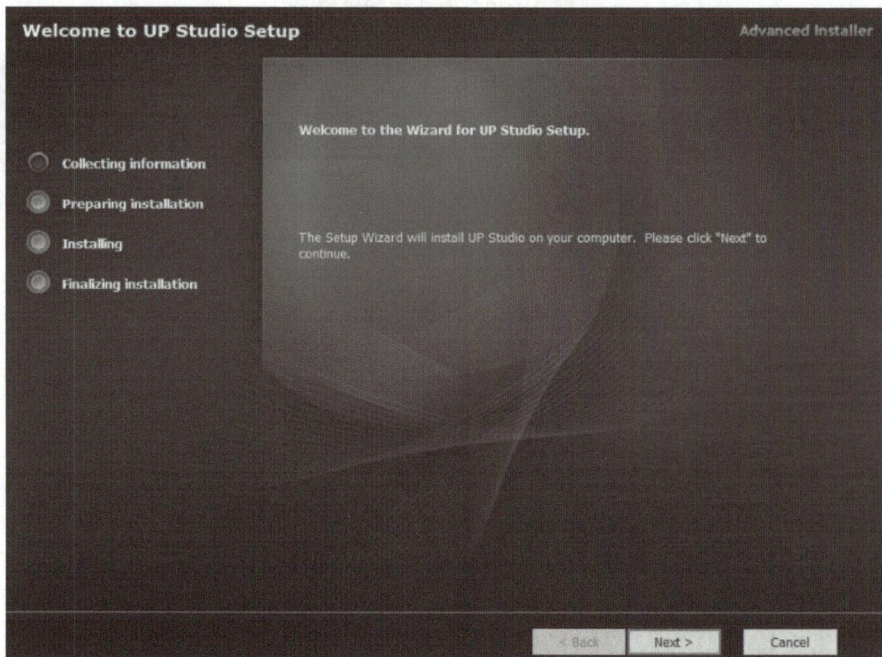

图 3-124　软件安装界面

支撑编辑

2. 支撑编辑

UP Studio 软件支持打印预览和手动编辑支撑，而且可以实时预览调整结果。用户可以通过悬停在模型支撑上直接查看支撑的打开或关闭或使其不可见，也可在支撑编辑器中选择相应的支撑，如图 3-125 所示。

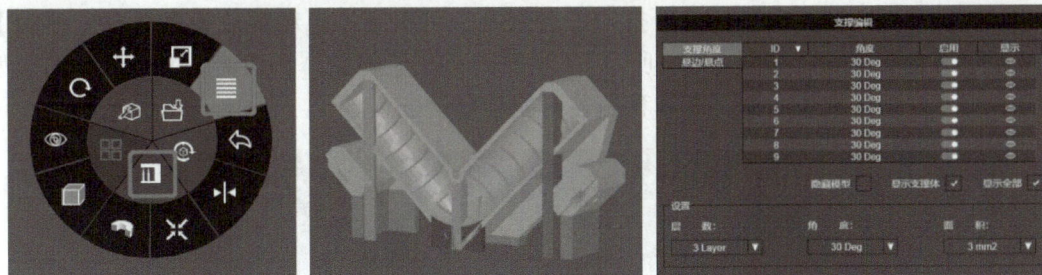

图 3-125 支撑编辑

3. 模型切片

在 3D 打印中，模型切片是将三维模型切割成薄片的过程，以便 3D 打印机能够逐层构建物体。这些薄片通常被称为"切片"或"图层"，打印机通过逐层堆叠这些切片来构建最终的三维物体。

模型切片软件负责将三维模型转换成适合 3D 打印的切片文件。在切片软件中，用户可以添加模型，调整模型摆放位置、角度和大小，设置打印参数，并进行切片预览等操作。

完成模型切片文件后，就可以将其传输到 3D 打印机，打印机按照文件指令逐层打印，最终形成所需的三维物体。

4. 打印模型

（1）模型导入及摆放

1）将素材文件【小瓶子 .stl】【瓶盖 .stl】导入 UP Studio 切片软件中，如图 3-126 所示。

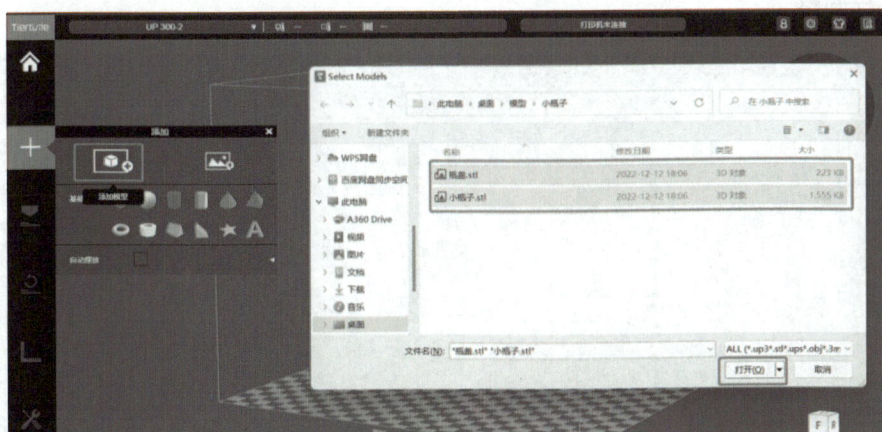

a)

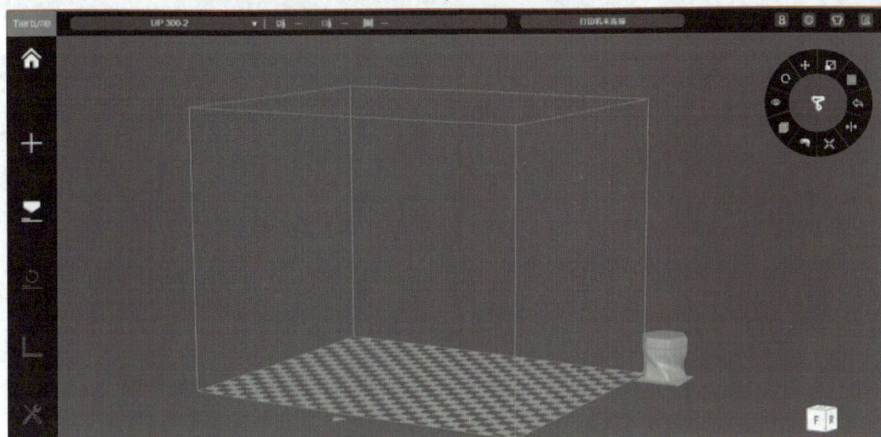

b)

图 3-126 模型导入

2）导入模型后，如果发现模型位于打印平台之外，可选择【自动摆放】命令或【移动】命令将模型放置在打印平台的中间，如图 3-127 所示。（注意：小瓶子的主体和瓶盖是两个独立的模型，如果使用【移动】或【自动摆放】命令，瓶体和瓶盖可能会自动分离。）

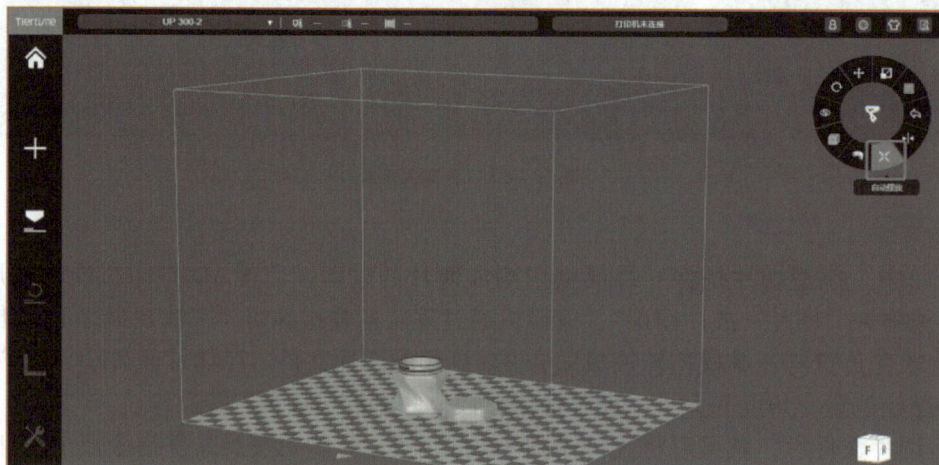

图 3-127　模型摆放

3）观察模型结构，并结合 FDM 工艺原理，寻找模型的最佳摆放角度和位置（图 3-128），使用【旋转】命令调整模型的摆放角度。在调整模型的角度和位置时，先选择要调整的模型，当模型的颜色变成浅灰色再进行调整。

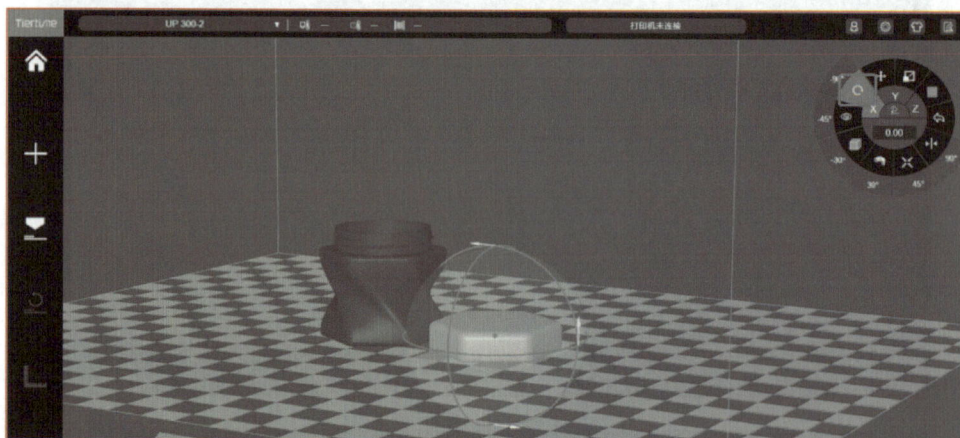

a)

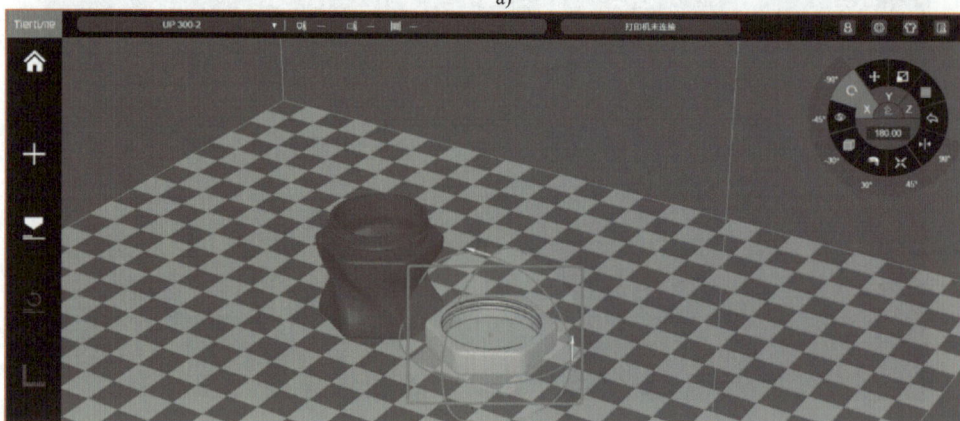

b)

图 3-128　调整模型摆放角度和位置

4）调整完模型的摆放位置后，选择两个模型并选择【合并】命令，将两个模型合并为一个整体，如图 3-129 所示。

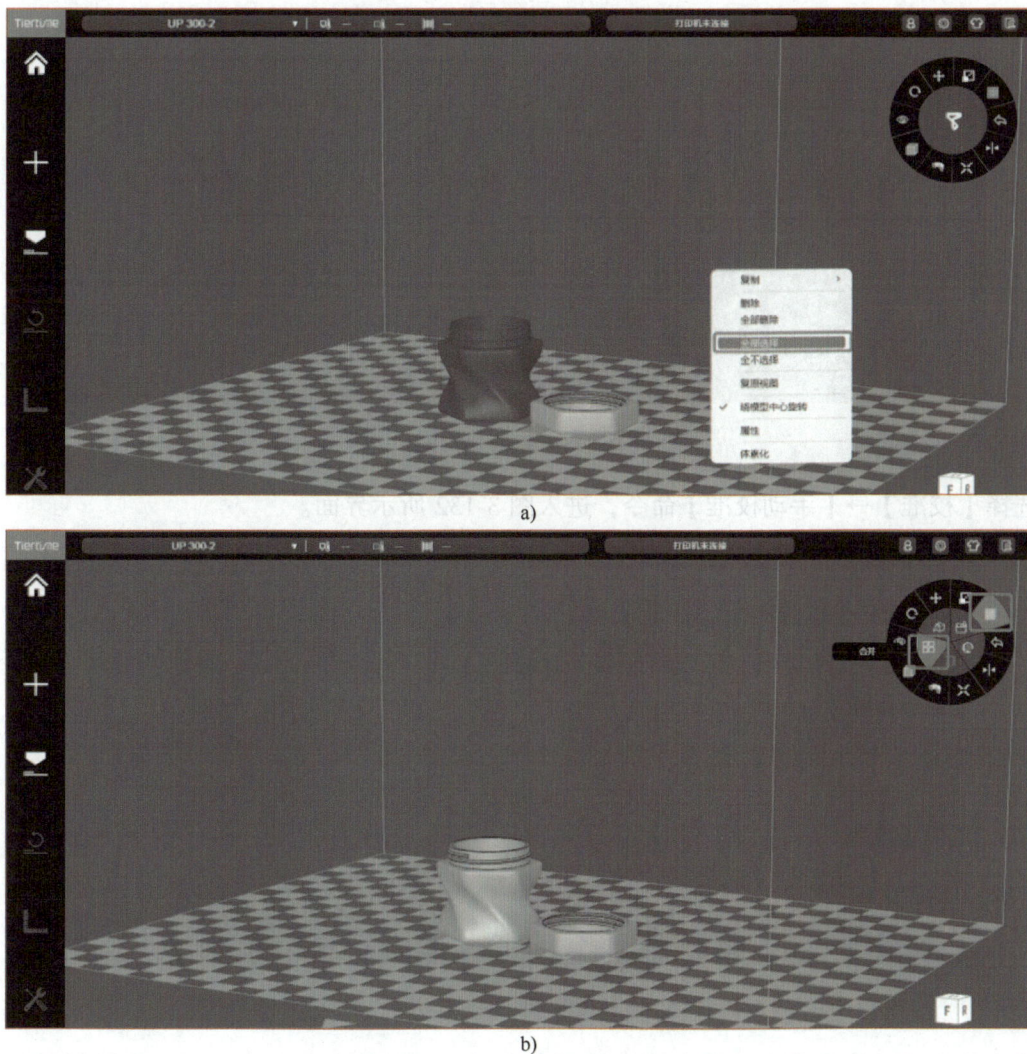

a)

b)

图 3-129　合并模型

（2）手动校准平台

1）连接打印机设备并查看设备状态，如图 3-130 所示。

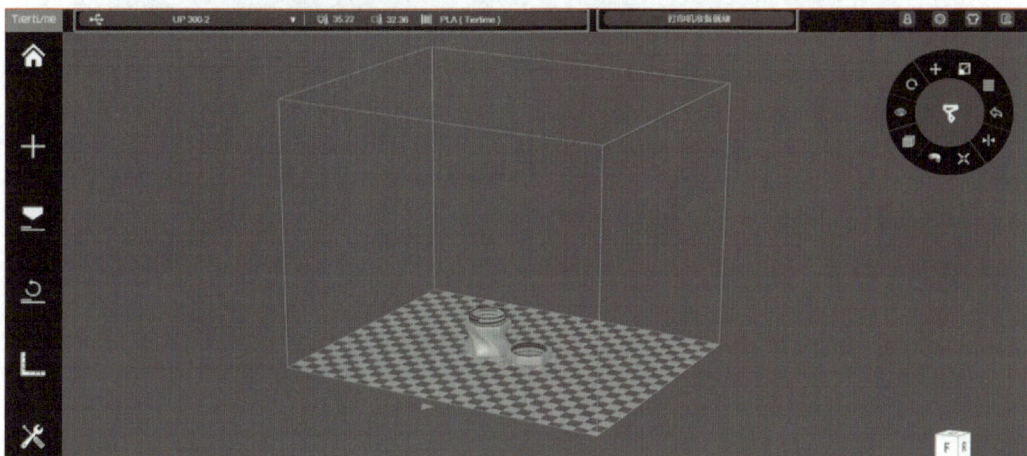

图 3-130　查看设备状态

2）单击触摸屏上的【初始化】按钮，效果如图 3-131 所示。（注意：每次使用打印机前都要对其进行初始化操作）

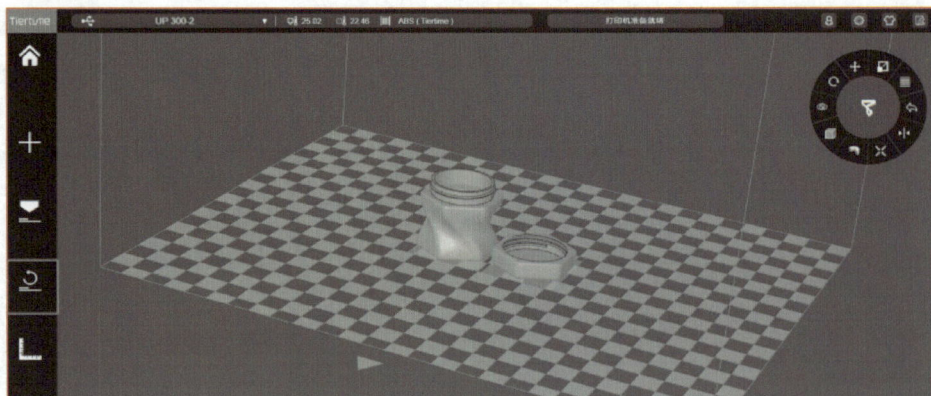

图 3-131　初始化打印机

3）选择【校准】→【手动校准】命令，进入图 3-132 所示界面。

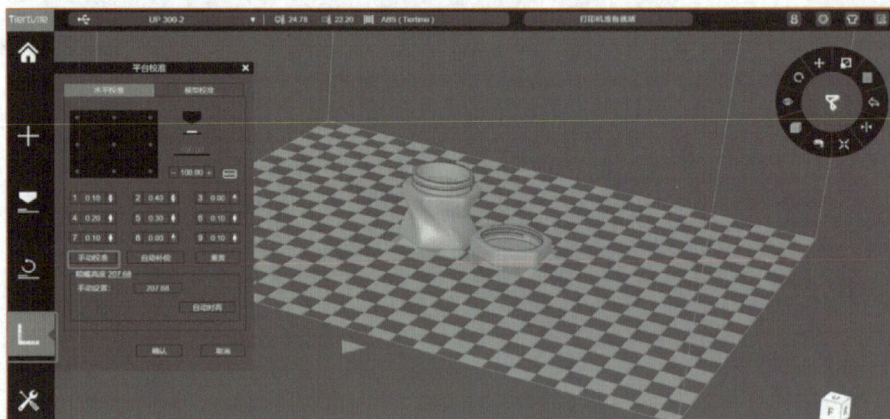

图 3-132　手动校准界面

4）平台上升后，将校准卡放置在喷头与平台之间，通过单击向上或向下箭头控制平台上升或下降，直至喷头刚好触碰校准卡，如图 3-133 所示。

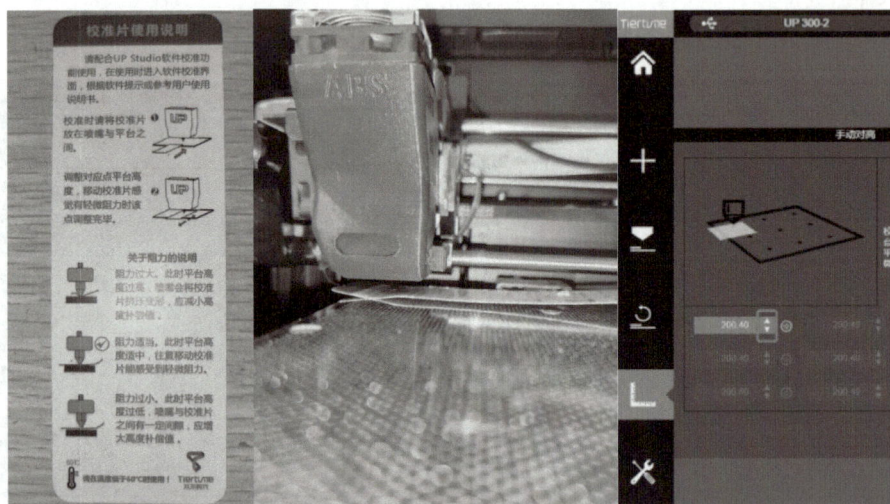

图 3-133　利用校准卡校准平台

5）当移动校准卡感受到轻微阻力时，说明当前点的高度适合，单击向右箭头进行第二个点的校准。通常喷嘴距离打印底板的间隙为 0.2mm，共需校准 9 个点，每完成一个点的校准后，单击向右箭头进入下一步，如图 3-134 所示。

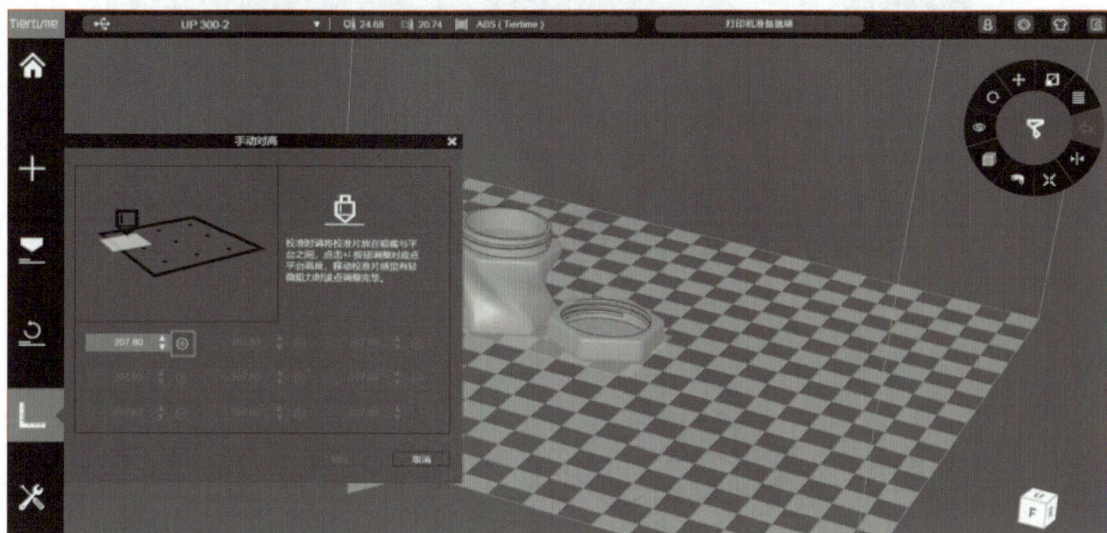

图 3-134　校准各点

6）完成 9 个点的校准后，单击【确认】按钮，如图 3-135 所示，软件将根据这 9 个点的校准值计算各校准点的补偿值，并最终确定喷嘴的高度。

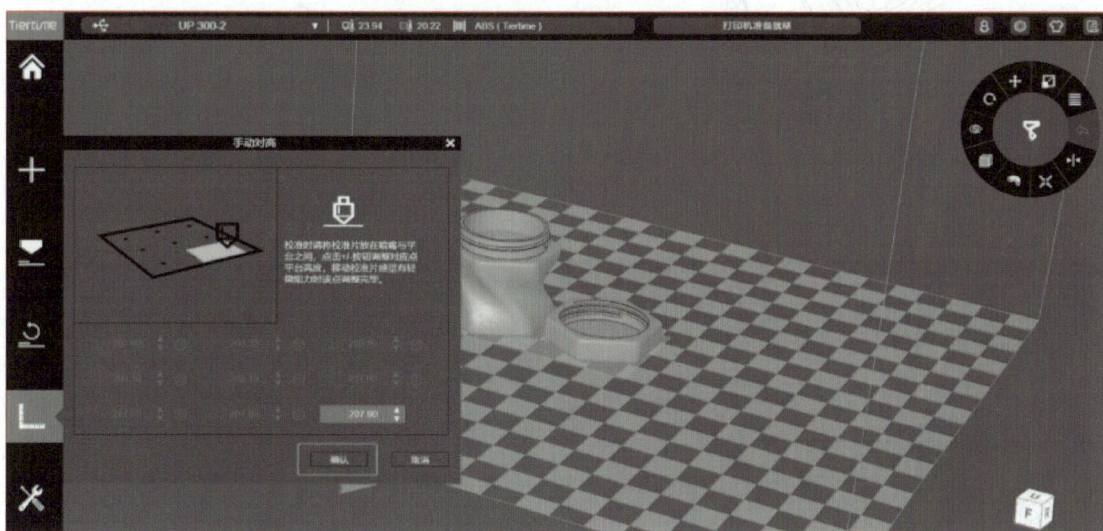

图 3-135　完成校准

（3）加载丝材

1）先把丝材从丝盘仓的上端进丝口穿入，直至丝材从导丝管的另一端露出，然后将丝材放置在丝盘架上，并关闭材料仓门，如图 3-136 所示。

2）打开设备上盖，将丝材插入对应打印机喷头的进丝口即可，如图 3-137 所示。

3）选择【维护】命令，在弹出的对话框中选择与之对应的材料，如图 3-138 所示。

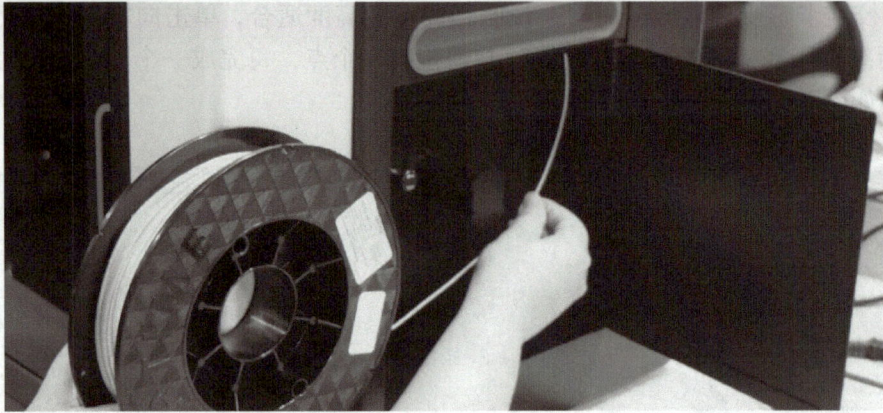

图 3-136　穿丝

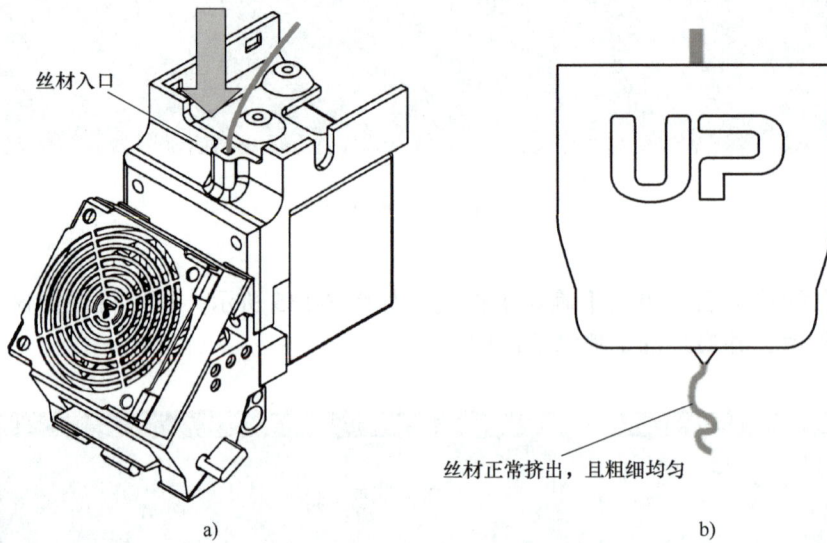

丝材入口

a)

丝材正常挤出，且粗细均匀

b)

图 3-137　丝材插入喷头

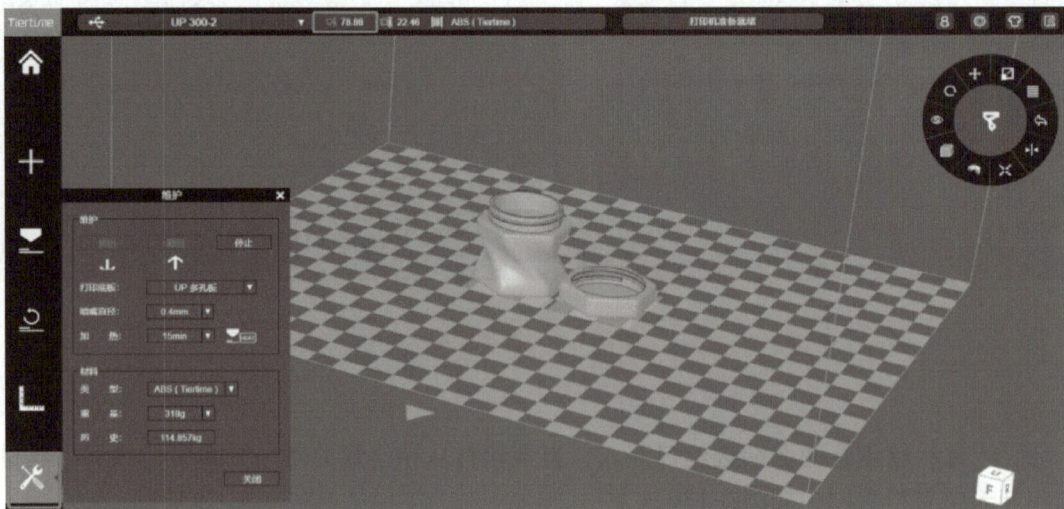

a)

图 3-138　设置丝材材料

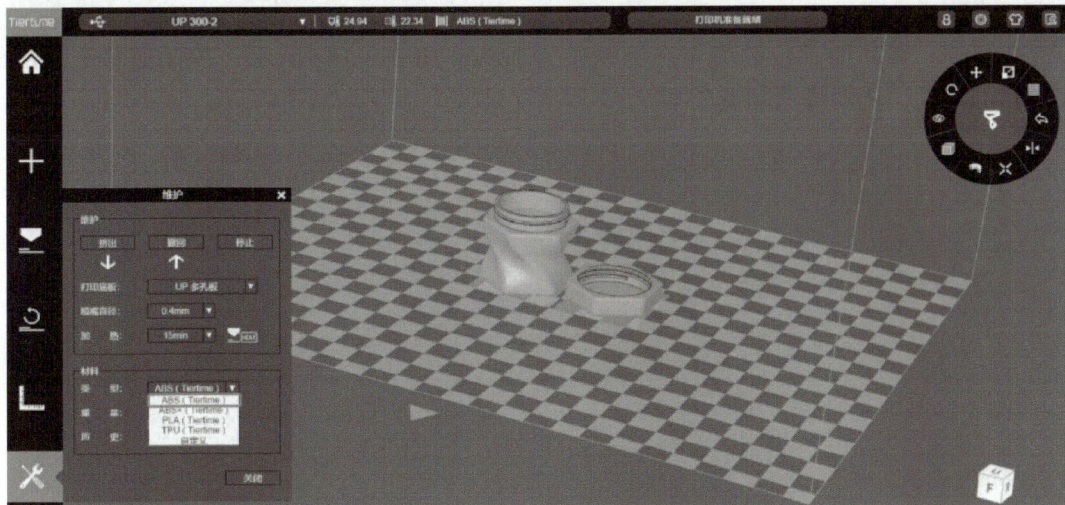

b)

图 3-138　设置丝材材料（续）

4）选择【挤出】命令，喷头将自动加热到材料的熔点温度，如图 3-139 所示。

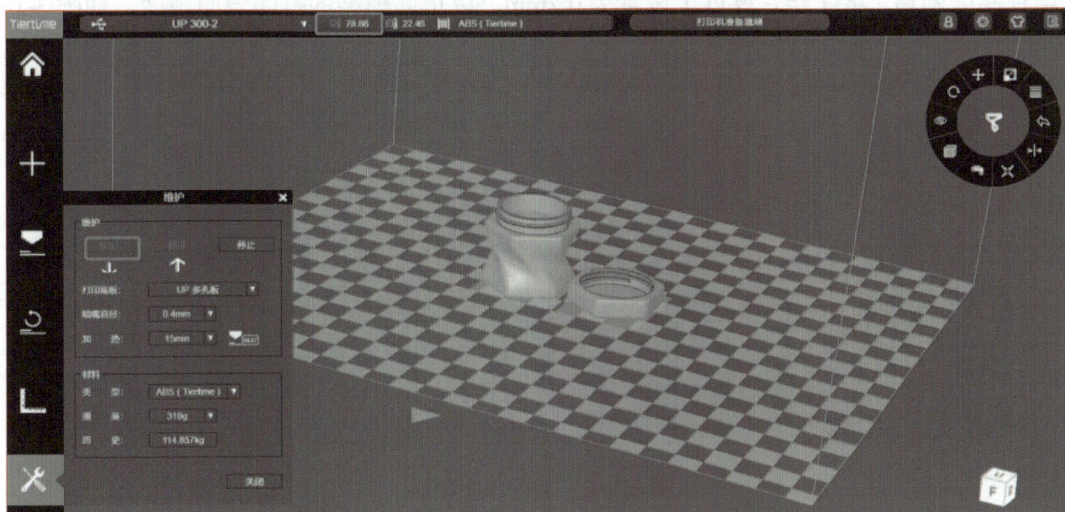

图 3-139　丝材挤出

5）当温度到达熔点后，查看喷嘴能否正常挤出丝材，如图 3-140 所示。

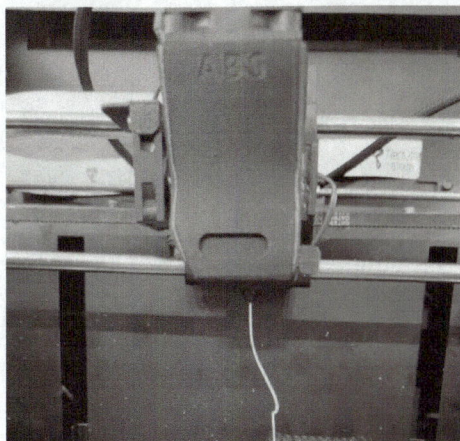

图 3-140　查看丝材挤出

（4）调整切片参数

1）填充调整。将其他部位的填充比例调整为20%，如图3-141所示，在保证基本强度的同时，减少打印材料的消耗，从而降低制造成本。

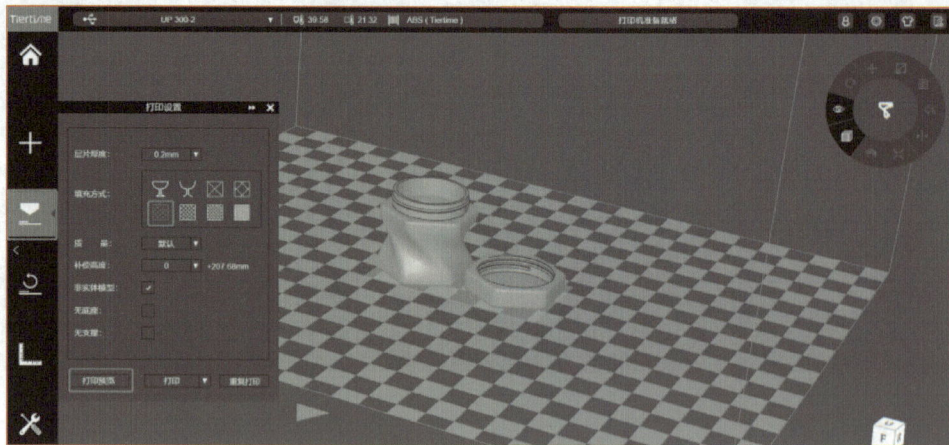

图 3-141　填充调整

2）层片厚度调整。将【层片厚度】设置为0.2mm，以提高模型的打印表面精度，如图3-142所示。

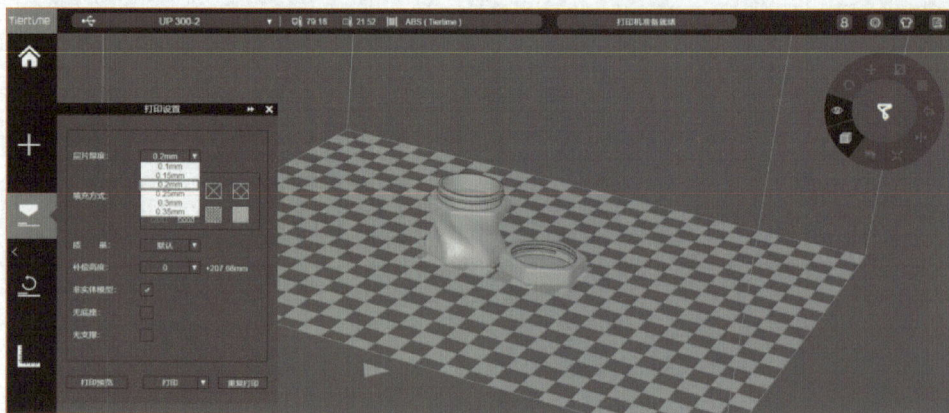

图 3-142　层片厚度调整

3）分层预览。预览打印效果和打印时间，如图3-143所示。

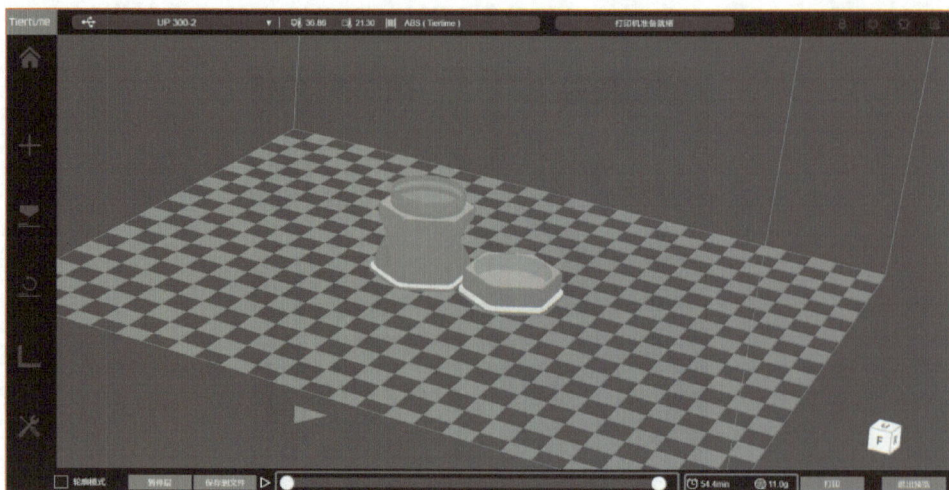

图 3-143　分层预览

（5）上传数据至打印设备

1）保存切片数据，以便下次打印时使用，如图 3-144 所示。

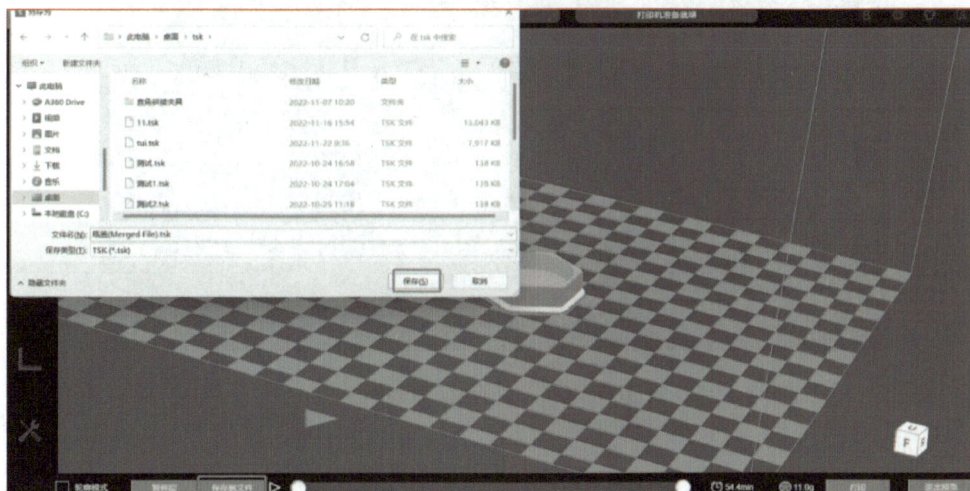

图 3-144 保存切片数据

2）选择【打印】命令，将切片数据上传至打印机，如图 3-145 所示。

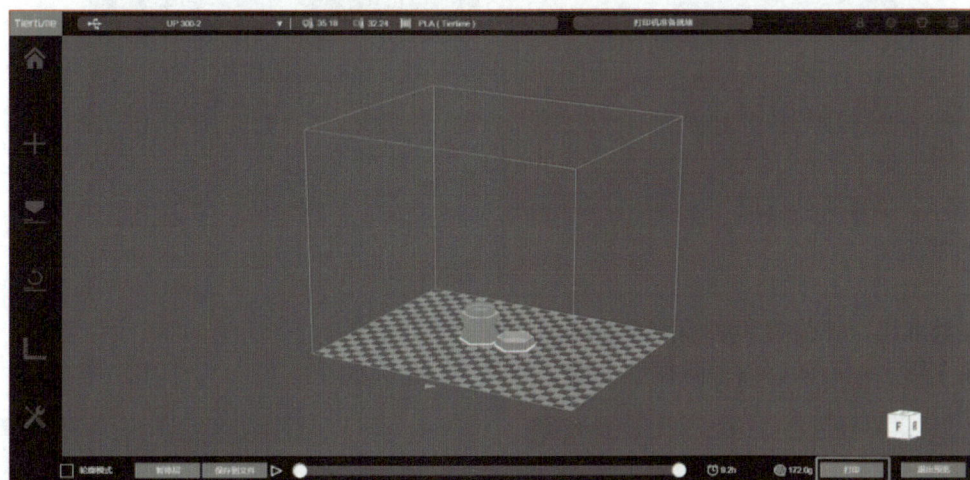

a)

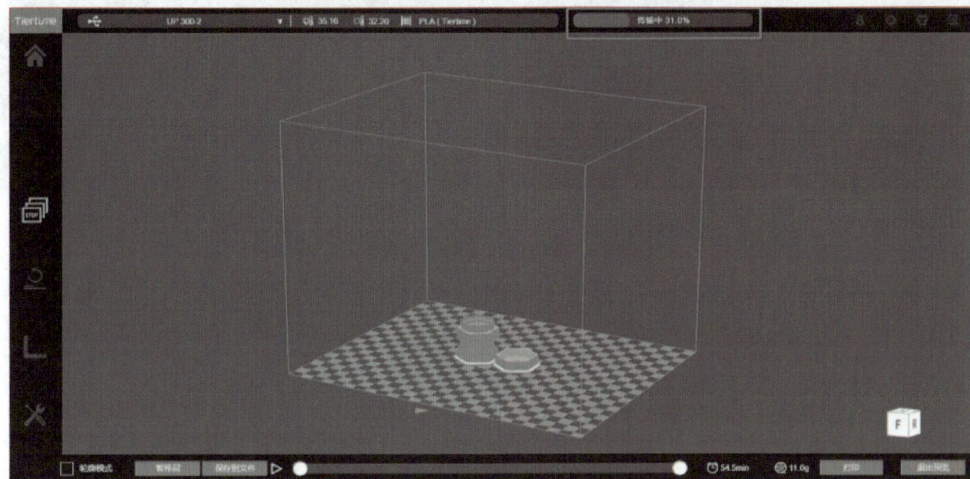

b)

图 3-145 数据上传

3）查看打印机状态，检查打印平台及喷嘴的温度是否正常上升，如图 3-146 所示。

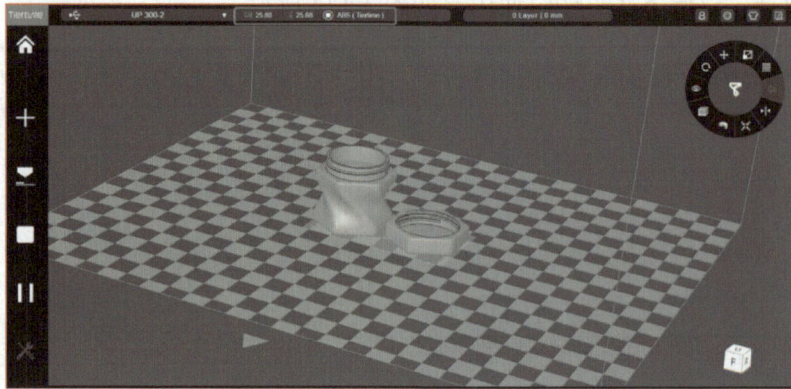

图 3-146　查看打印机状态

（6）模型后处理

1）查看打印效果，如图 3-147 所示。

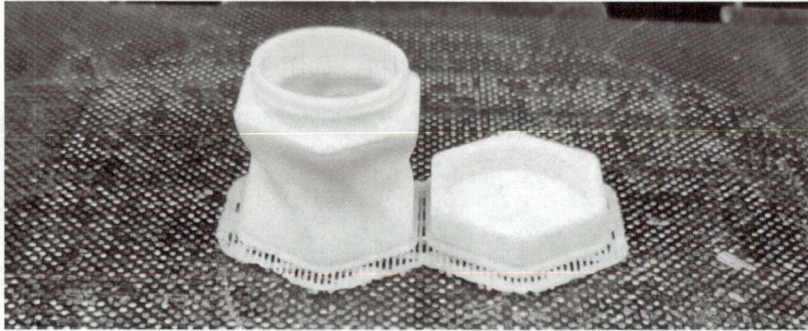

图 3-147　查看打印模型效果

2）将模型取出。拉住打印底板前方的抠手，取下打印底板。

3）去除支撑。使用斜口钳去除模型支撑，如图 3-148 所示。

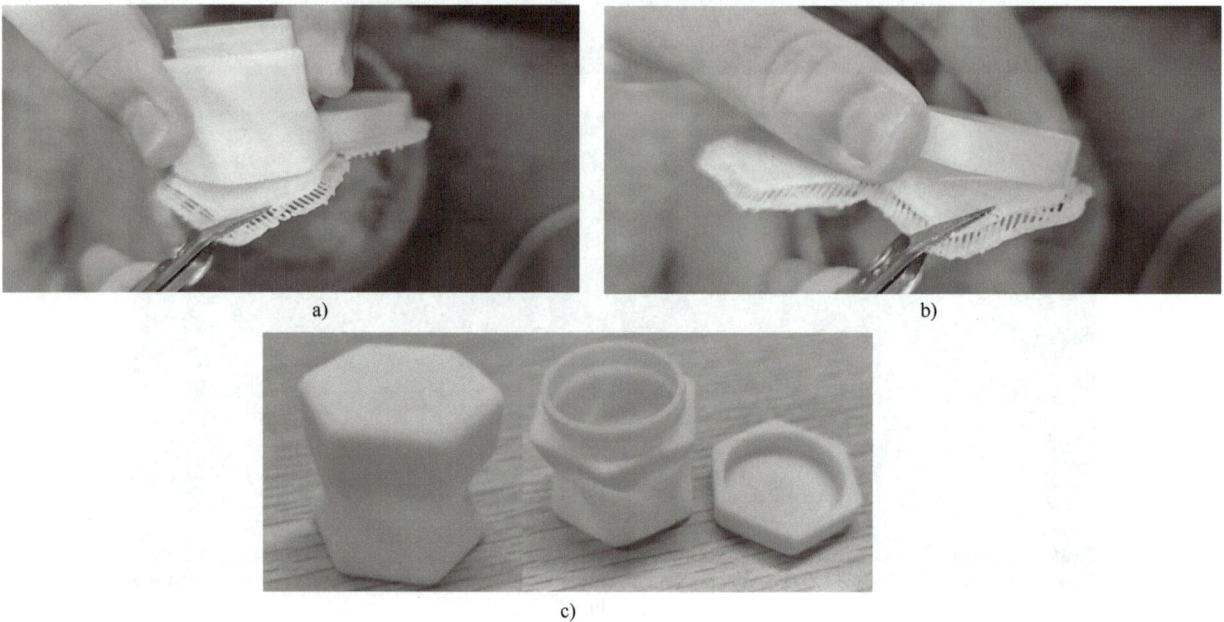

a)

b)

c)

图 3-148　去除支撑

（7）装配测试　模型处理完成后，将小瓶子主体与瓶盖进行装配，检查瓶盖是否能拧到底，以及瓶盖拧到底后能否与小瓶子主体紧密贴合，如图 3-149 所示。

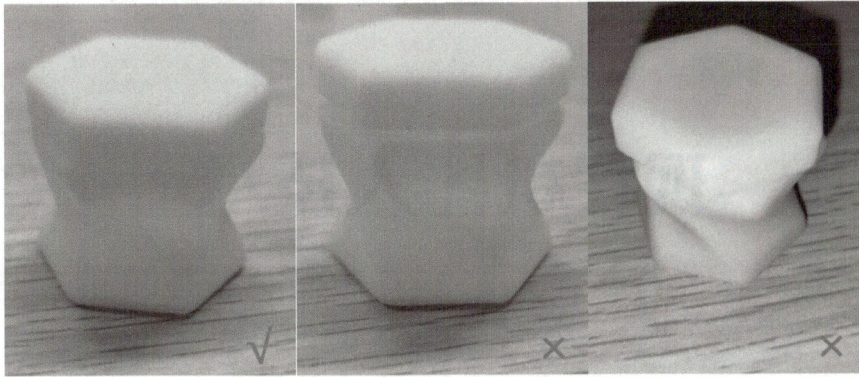

图 3-149　装配测试

UP 300 打印杯子实例

知识巩固

填空题

1. 逆向工程又称_____，是对实物原型进行 3D 扫描和数据采集，经过_____、_____等过程，构造出具有相同形状结构的三维模型。

2. 观察发现模型为对称结构，为了更方便、更快捷地操作，可以采用_____（转盘）的策略对其进行数据采集。

现代机器人技术

机器人是一种能够自动执行任务的机械电子装置。其运行模式可分为三类：接受人类指令、执行预设程序或遵循基于人工智能技术制定的行动纲领。作为人类能力的延伸，机器人主要承担协助或替代性工作，广泛应用于工业生产、建筑施工、高危作业等特殊领域。

从技术构成来看，机器人是机械结构、微电子系统和信息技术的有机融合体，其核心特征在于模拟人类特定机能。判定机器人属性的关键标准在于功能性而非拟人形态，任何具备独立执行人类技能或应对高危任务能力的自动化装置均属于机器人范畴。

作为衡量国家工业自动化水平的核心指标，机器人技术本质上并非简单的人力替代方案，而是人类智能与机械优势的深度整合。这种拟人化设备兼具生物体的环境感知与决策能力，以及机械系统特有的持久运作、精准执行和恶劣环境适应优势。从技术演进视角来看，机器人代表着机械装置的智能化升级，既是现代制造业的关键生产设备，也是拓展非工业领域服务能力的重要技术载体，在先进制造体系中占据不可替代的地位。

单元一　工业机器人技术概述

学习目标

1. 知识目标：了解工业机器人技术发展的趋势；掌握工业机器人的分类、系统组成及作用。
2. 能力目标：能理解工业机器人技术发展的历史；能阐述工业机器人系统的组成及作用。
3. 素养目标：通过本单元的学习，激发学生的探索性思维与创新潜能，培养其敢于实践、勇于突破的科学探究素养，从而为其职业发展奠定可持续提升的能力基础。

相关知识

一、工业机器人的定义及特点

工业机器人是为工业生产过程中的自动化操作而设计和制造的可编程多关节机器。它们通过各种传感器、控制系统和执行器来执行任务，能取代人工劳动力完成重复性、危险性或繁重性的工作，如图4-1所示。它们具有可编程的多轴结构，可以进行精确复杂的动作，适应不同生产需求。工业机器人通常通过传感器和控制系统实现自主操作，并与其他机器或系统进行通信和协作。

工业机器人系统组成流程图：

编制控制程序 → 工业机器人系统软件及编程语言系统 →（执行程序）→ 控制器及控制算法 →（关节位置、速度、加速度）→ 工业机器人本体 →（相互作用）→ 工作对象

机器人内传感器信息反馈 → 控制器及控制算法

工作对象及环境信息反馈

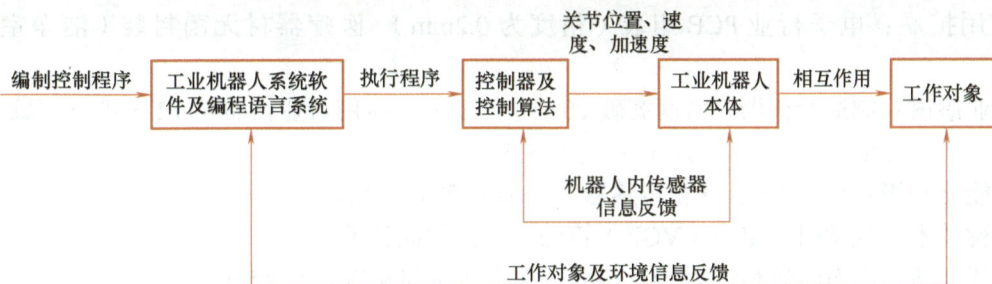

图 4-1　工业机器人系统组成

工业机器人具有以下显著特点：

（1）可编程性　工业机器人可以通过编程实现灵活的操作和控制。它们可以根据不同的生产需求执行相应任务，并通过更改程序快速适应新的工作要求。这种特性使得工业机器人具有很高的适应性和灵活性。

（2）多关节结构　工业机器人通常采用多关节结构，能够在多个自由度上灵活运动。这种结构使得机器人可以模仿人体动作，从而在复杂的环境中完成精确和灵活的操作。

（3）传感器技术　工业机器人配备了多种传感器，如视觉传感器、力传感器和触觉传感器，以感知和理解周围环境。这些传感器可以帮助机器人检测和识别对象、障碍物和环境条件，并根据这些信息做出相应的反应。

（4）高精度和重复性　工业机器人具有高精度和高重复性，可以在非常小的误差范围内稳定执行任务。它们可以精确地定位和操作物体，从而确保生产过程的高质量和一致性。

（5）自主性和协作能力　现代工业机器人具备自主操作能力，还能与其他机器人或系统进行通信和协作。它们可以根据预先设定的规则和程序自主决策，共同完成复杂的任务和生产流程。

（6）安全性　工业机器人通常具备完善的安全措施和功能，以确保在操作过程的安全性。例如，机器人可能配备碰撞检测和紧急停止装置，防止发生意外事故，保护周围人员安全。

（7）提高生产率　工业机器人的应用可以显著提高生产率和产能。它们可以 24h 连续运行，不受疲劳和工作时间限制。凭借其高速度和高准确性，工业机器人可以加快生产流程，减少人工错误，并提高产品的一致性和质量。

（8）应用广泛　工业机器人广泛应用于汽车制造、电子制造、医药、食品加工、物流等各个行业。它们可以执行各种任务，如组装、焊接、涂装、搬运、包装等，为企业提供高效、可靠的生产解决方案。

二、工业机器人的发展历史及未来趋势

1. 发展历史

（1）第一代：刚性自动化机械臂（20 世纪 60 年代）

1）技术特征：采用直角坐标 / 圆柱坐标机械臂结构，基于继电器逻辑控制（RLC）系统，实现 3 ～ 4 轴运动控制。

2）性能参数：重复定位精度为 ±1mm，负载能力为 100 ～ 300kg，作业节拍 5 ～ 10s/ 次。

3）典型应用：汽车底盘点焊（如通用汽车 Unimate 1900）、车身喷涂（90% 工艺覆盖率）。

4）产业影响：实现汽车制造流程 15% 以上的效率提升，推动福特制生产模式升级。

（2）第二代：可编程多关节机器人（20 世纪 70 年代）

1）技术突破：六轴关节型结构普及（D-H 参数建模），配备早期微处理器（如 Intel 8086）实现点位（PTP）控制。

2）核心能力：5 ～ 6 个自由度运动，重复精度为 ±0.5mm，支持离线编程（OLP）。

工业机器人的发展

3）应用扩展：电子行业 PCB 组装（精度为 0.2mm）、医疗器材无菌封装（洁净室等级 Class 100）。

4）行业渗透：制造业机器人密度突破 20 台 / 万工人，应用行业拓展至 12 个细分领域。

（3）第三代：感知交互型机器人（20 世纪 80 年代）

1）智能化升级：集成 CCD 视觉传感器与六维力觉反馈系统。

2）关键技术：视觉引导定位（VGR）算法、阻抗控制技术。

3）性能飞跃：动态轨迹精度为 ±0.1mm，自适应调整响应时间 <50ms。

4）场景突破：汽车总装线精密配合、航空航天铆接作业。

（4）第四代：高精度柔性单元（20 世纪 90 年代）

1）核心指标：绝对定位精度为 ±0.02mm，最大运动速度为 8m/s，MTBF（平均无故障时间）> 80000h。

2）工艺革命：五轴联动加工（曲面加工表面粗糙度值为 $Ra0.8\mu m$）、半导体晶圆搬运（洁净度 ISO Class 3）。

3）生产变革：支持 JIT（准时制）生产模式，换型时间缩短至 15min。

（5）第五代：认知协作机器人（2000 年至今）

1）技术融合：深度学习视觉系统（YOLO v7 目标检测）、数字孪生控制系统（仿真精度为 98%）、协作安全标准（ISO/TS 15066）。

2）核心能力：动态环境建模（3D 点云数据更新率为 30Hz），多模态人机交互（语音指令识别准确率为 95%），自主工艺优化（基于强化学习的参数自整定）。

3）应用前沿：新能源汽车电池模组柔性装配（对位精度为 0.15mm），消费电子 AI 质检（缺陷检出率为 99.7%），智能仓储 AMR 集群调度（100 台协同误差 <5mm）。

2. 未来趋势

工业机器人作为智能制造的核心载体，正加速向智能化、柔性化、协作化方向演进，推动全球制造业迈向更高阶的自动化与数字化。未来 10 年，其发展将呈现五大战略趋势：

（1）人机共融协作深度进化　通过集成多模态传感技术（如触觉反馈精度达 ±0.05N）与实时动态风险评估系统，机器人将实现与人类的无缝协作。符合 ISO/TS 15066 标准的协作机器人将广泛渗透至汽车装配、精密医疗设备制造等领域，使人机混合工作站效率提升 30% 以上，同时将工伤事故率降低 80%。

（2）自主决策与环境适应性突破　依托 5G+ 边缘计算架构，机器人将具备毫秒级环境感知与自主决策能力。搭载深度学习算法与数字孪生系统的智能装备，可在半导体晶圆搬运等场景实现纳米级操作精度（±1nm），并在动态环境中自主优化工艺参数，使复杂生产问题的响应速度提升 5 倍。

（3）集群协同与柔性重构能力升级　基于工业 5G 与时间敏感网络（TSN），多机器人系统将形成分布式智能体网络。在 3C 电子制造等领域，200 台机器人集群可通过群体智能算法实现亚毫米级协同精度（误差 <2mm），支持生产线在 45 分钟内完成重构，推动制造业向"大规模定制"模式转型。

（4）绿色可持续技术体系构建　轻量化材料（碳纤维结构减重 40%）与能量再生系统（回收效率≥ 85%）的应用，使新一代机器人能耗降低 30%。全生命周期碳足迹追踪技术的引入，将助力汽车、航空等行业达成碳减排目标，预计到 2030 年工业机器人全产业链碳排放强度下降 45%。

（5）技术跨界与场景裂变加速　机器人技术将与 AI、元宇宙、生物工程深度融合，催生远程手术机器人、跨介质作业系统等新形态。在医疗领域，具备力控与视觉引导的手术机器人将使微创手术精度达到 0.1mm；在能源行业，管道检测机器人可实现陆空多态切换，漏检率低于 0.01%。

据预测，至 2030 年全球工业机器人市场规模将突破 1000 亿美元，带动 200 万个新型技术岗位诞生。这一进程不仅将重塑制造业竞争格局，更将通过"机器人 +"赋能农业、医疗、能源等多元领域，推动人类社会向高效、安全、可持续的生产文明跃迁。工业机器人的进化，本质是人类智能与机械效能边界的持续突破,其发展轨迹将深刻定义未来工业生态的核心形态。

三、工业机器人的分类

根据工业机器人的结构、功能、应用领域和工作方式等不同特征,可以将其分为以下几类。

1. 按结构分类

（1）垂直关节机器人　又称直臂机器人（图4-2）,具有一个旋转关节和一个垂直移动关节,动作范围受限,适用于精密装配和加工操作。

（2）水平关节机器人　又称横臂机器人（图4-3）,具有一个旋转关节和一个水平移动关节,动作范围较大,适用于搬运和焊接等任务。

图4-2　垂直关节机器人

（3）平行机器人　平行机器人由多个平行动作的杆件和关节构成,能够实现高精度、高速度的运动,常用于装配和加工操作,如图4-4所示。

（4）SCARA 机器人　SCARA 机器人具有两个旋转关节和一个水平移动关节,适用于装配任务,具有较强的重复定位功能,如图4-5所示。

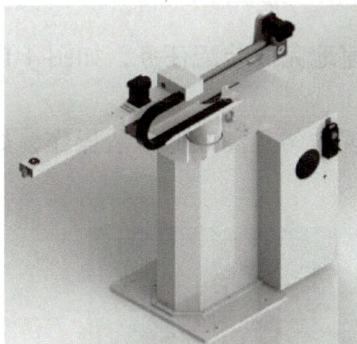

图4-3　水平关节机器人

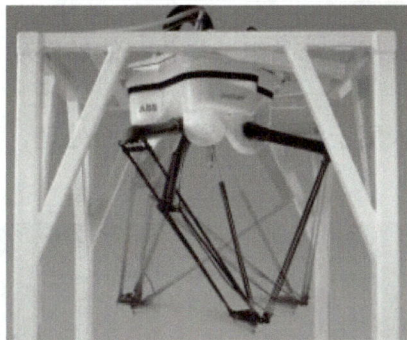

图4-4　平行机器人

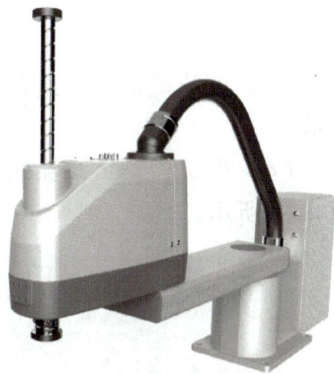

图4-5　SCARA 机器人

（5）Delta 机器人　是一种平行机器人,结构呈三角形,具有多个平行动作的杆件和关节,适用于快速、高精度的搬运和装配,如图4-6所示。

（6）柔性机器人　柔性机器人由软性材料制成,具有较大的自由度和灵活性,适用于狭小空间作业,如图4-7所示。

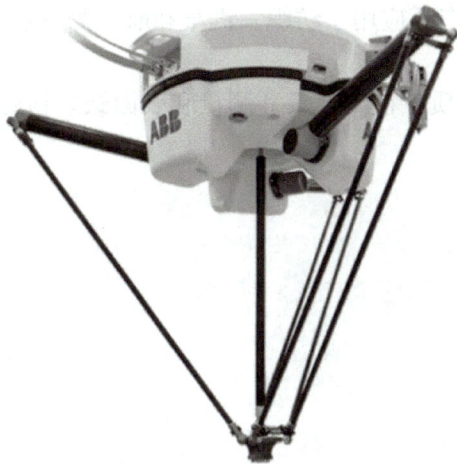

图4-6　Delta 机器人

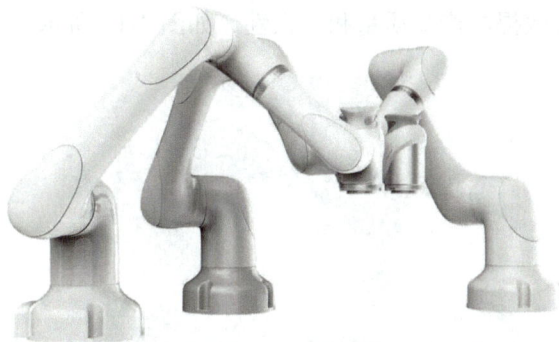

图4-7　柔性机器人

2. 按功能分类

（1）搬运机器人　搬运机器人常用于物料的搬运、装卸和堆垛等，常见于生产线和仓储物流领域，如图 4-8 所示。

（2）焊接机器人　焊接机器人能够实现高质量的焊接作业，可提高生产率，如图 4-9 所示。

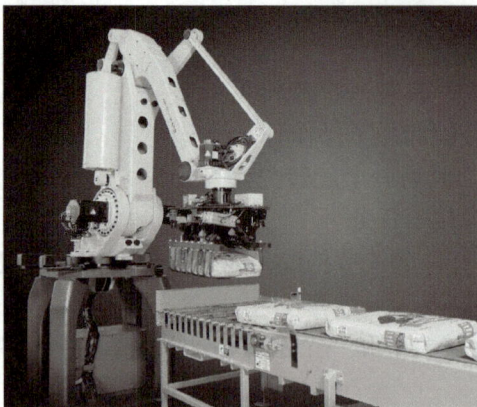

图 4-8　搬运机器人

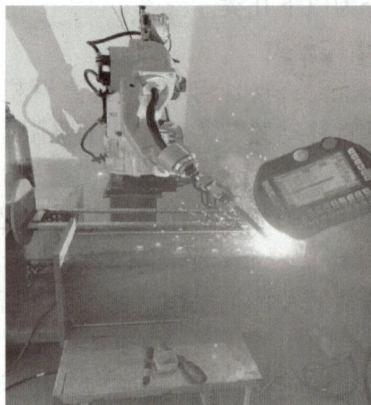

图 4-9　焊接机器人

（3）组装机器人　组装机器人用于产品组装操作，能够精确、高速地完成装配任务，如图 4-10 所示。

（4）涂装机器人　涂装机器人用于涂料的喷涂和表面处理，可实现均匀且高效的涂装操作，如图 4-11 所示。

图 4-10　组装机器人

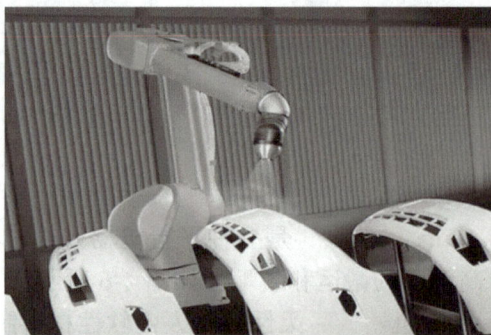

图 4-11　涂装机器人

（5）剪裁机器人　剪裁机器人用于材料的剪裁和切割，广泛应用于纺织、汽车和航空等行业，如图 4-12 所示。

（6）检测与测量机器人　检测与测量机器人用于产品的质量检测、尺寸测量和表面缺陷检查等，能够有效提高产品质量和一致性，如图 4-13 所示。

图 4-12　剪裁机器人

图 4-13　检测与测量机器人

3. 按应用领域分类

（1）**汽车制造机器人**　在汽车制造领域，机器人用于汽车生产线上的装配、焊接、涂装和搬运等任务。

（2）**电子制造机器人**　在电子制造领域，机器人用于电子产品的组装、测试和包装等工序，如移动通信设备、计算机和电子元器件制造。

（3）**机械加工机器人**　在机械加工领域，机器人用于金属加工中的数控机床操作、车削加工、铣削加工和磨削加工等任务。

（4）**医药生产机器人**　在医药生产领域，机器人用于药品生产线上的精确剂量分配、包装和标记等操作，确保生产的准确性和卫生标准。

（5）**食品加工机器人**　在食品加工领域，机器人用于食品加工厂的物料搬运、包装和分拣等工作，可提高生产率和卫生标准。

（6）**物流仓储物机器人**　在物流仓储领域，机器人用于仓库和物流中心的物料搬运、装卸和库存管理等任务。

4. 按控制方式分类

（1）**固定控制机器人**　固定控制机器人安装在固定位置上，根据程序执行工作任务，常用于生产线上的重复操作。

（2）**移动控制机器人**　移动控制机器人具有移动能力，可以在不同工作区域内执行任务，适用于灵活的工作环境。

这些分类只是对工业机器人的一些常见划分方式，实际应用中可能存在多种特征的组合。随着技术的不断发展和创新，工业机器人的分类也在持续演变和扩展，以满足不断变化的工业需求。

四、工业机器人系统组成

工业机器人系统（图4-14）是由多学科技术深度融合的复杂机电一体化体系，其核心架构可分为四大模块，共同实现精准、高效的自动化作业。

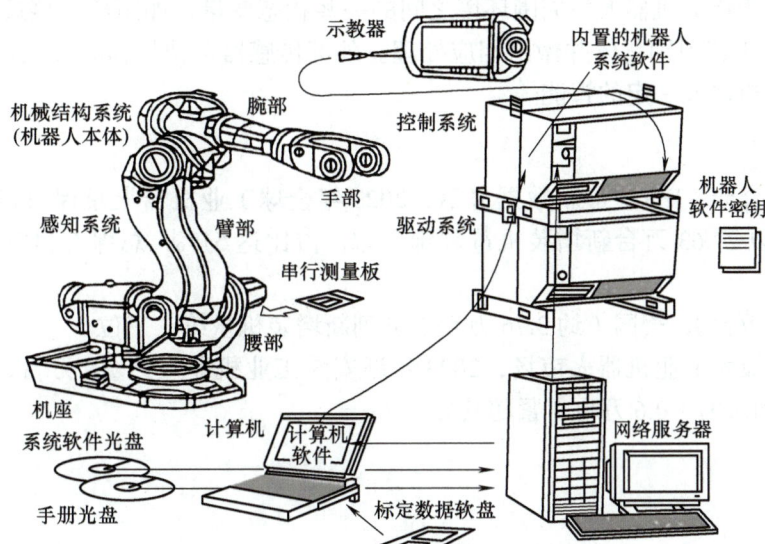

图 4-14　工业机器人系统组成

1. 机械结构系统

作为物理执行载体，包含基座、臂体、腕部及关节组件。主流关节型机器人采用6轴串联结构（重复定位精度为 ±0.02mm），通过轻量化设计（碳纤维臂体减重30%）提升运动性能。精密行星滚珠丝杠（导程误差＜5μm）与交叉滚子轴承（轴向跳动≤0.005mm）保障传动稳定性。特殊场景延伸出 SCARA（平面重复精度为 ±0.01mm）、Delta（拾放节拍 0.3s）等构型。

2. 驱动系统

驱动系统主要是指驱动机械结构系统动作的驱动装置。根据驱动源的不同，可将驱动系统分为电气、液压和气压三种，以及把它们结合起来应用的综合系统。

电气驱动系统在工业机器人中应用得较普遍，可分为步进电动机、直流伺服电动机和交流伺服电动机三种驱动形式。上述驱动形式有的可直接驱动机构运动，有的通过减速器减速后驱动机构运动，其结构简单紧凑。

液压驱动系统运动平稳，并且负载能力大，对于重载搬运和零件加工的机器人，采用液压驱动比较合理。但液压驱动存在管道复杂、清洁困难等缺点，因此应用受到了一定的限制。

3. 控制系统

控制系统根据机器人的作业指令程序及从传感器反馈回来的信号控制机器人的执行机构，使其完成规定的运动和功能，可分为开环、半闭环和闭环控制系统。该部分主要由控制器硬件和软件组成，软件主要由人机交互系统和控制算法等组成。工业机器人的控制系统主要由控制器和示教器组成。

（1）控制器　工业机器人控制器是机器人的大脑，控制器主要由主板、串口、电容、辅助部件和各种连接线等组成，通过硬件和软件的结合来操作机器人并协调机器人与其他设备之间的通信关系。

（2）示教器　示教器又称示教编程器或示教盒，是工业机器人的核心部件之一，主要由液晶屏幕和操作按键组成，可由操作者手持移动，是机器人的人机交互接口。机器人的所有操作都是通过示教器来完成的，如点动机器人，编写、测试和运行机器人程序，设定、查阅机器人状态设置和位置等。

4. 感知系统

感知系统由内部传感器和外部传感器组成，其作用是获取机器人内部和外部环境信息并把这些信息反馈给控制系统。内部传感器用于检测各关节的位置、速度等变量，为闭环同服控制系统提供反馈信息。外部传感器用于检测机器人与周围环境之间的一些状态变量，如距离、接近程度和接触情况等，用于引导机器人，便于其识别物体并做出相应处理。外部传感器可使机器人以灵活的方式对它所处的环境做出反应，赋予机器人一定的智能。

【拓展阅读】

国际机器人联合会（IFR）最新数据显示，2023 年全球工业机器人总保有量达 428.2 万台，同比增长 10%，我国以 27.63 万台新增装机量领跑全球，占比达 51%，总保有量突破 180 万台，连续多年稳居世界第一。

日本（约 4.61 万台）、美国（约 3.76 万台）分列新增装机量第二三位。

德国作为欧洲最大工业机器人市场，2023 年新安装工业机器人达 2.8 万台，同比增长 7%，意大利（1.05 万台）和法国（0.6 万台）紧随其后。

知识巩固

填空题

1. 工业机器人是为工业生产过程中的自动化操作而设计和制造的_____。

2. 工业机器人配备了多种传感器，如_____、_____和_____，以感知和理解周围环境。

3. 工业机器人具有_____和重复性，可以在非常小的误差范围内稳定执行任务。

4. 工业机器人系统组成包括_____、_____、_____和_____。

单元二　工业机器人控制技术

学习目标

1. 知识目标：了解工业机器人控制系统的特点；掌握工业机器人控制系统的控制方式。
2. 能力目标：能理解工业机器人控制系统的组成；能阐述工业机器人控制系统的控制方式。
3. 素养目标：通过本单元的学习，培养学生精益求精、严谨细致、专注负责的工作态度，强化职业素养和责任感。

相关知识

工业机器人控制技术作为融合电子技术、集成电路、数字控制和软件技术等的综合应用体系，其核心在于通过精准的轨迹规划与定位控制，使机械臂在预设运动形态和精度范围内完成工件搬运及精密定位作业。

一、工业机器人控制系统的特点

作为智能制造的核心执行单元，工业机器人控制系统通过多维度技术创新实现高效协同作业。其特点包括以下内容。

1. 精确性和稳定性耦合

工业机器人通常需要高度精确的运动，以完成复杂的任务，例如组装、焊接、涂装等。因此，其控制系统必须具有高度的精确性和稳定性，确保机器人的运动和动作准确无误。

2. 多轴协同运动控制

工业机器人通常由多个关节组成，每个关节都是一个轴。控制系统需要同时控制多个轴，以实现复杂的三维运动，使机器人能够在空间中灵活移动和操作。

3. 编程体系灵活

工业机器人的任务多种多样，控制系统需要具有灵活的编程体系，能够根据任务的不同进行编程调整。传统的编程方式包括示教编程（teach-in）和离线编程，近年来逐渐发展出基于视觉和学习算法的编程方式，使机器人更加智能化，适应性更强。

4. 安全防护机制

工业机器人通常在与人类共同工作的环境中使用，因此安全性至关重要。控制系统必须具备安全防护机制，能够及时感知并避免潜在的危险情况，例如紧急停止功能、防碰撞技术等，以确保操作人员和设备的安全。

5. 实时性

在工业生产中，机器人常常需要进行高速运动和复杂操作，因此其控制系统需要具备实时性，能够实时响应指令并进行精确控制，保障机器人的稳定运行和高效完成任务。

6. 工业物联网集成

随着信息技术的发展，工业机器人控制系统逐渐向网络化方向发展。现代工厂中的机器人控制系统通常与其他生产设备和工控系统相连接，通过网络实现数据传输和交换，实现生产过程的智能化和自动化。此外，远程控制功能也逐渐得到应用，使得操作人员可以通过互联网远程监控和控制机器人，提高生产管理的便捷性和灵活性。

7. 模块化系统集成

工业机器人通常是生产线上的一环，控制系统要能与其他设备和系统进行无缝集成，实现生产过程的整体优化和协调。

8. 节能与环保

随着全球对能源和环境问题的关注，工业机器人控制系统也越来越注重节能和环保。工业机器人控制系统需要优化机器人的动作和运动规划，减少能耗和排放，以实现可持续发展目标。

9. 开放性与标准化

工业机器人市场存在多个不同品牌和型号的机器人，控制系统需要具备开放性，能够适配和支持不同品牌的机器人。因此，推广和使用标准化的控制接口和协议变得尤为重要，以促进机器人应用的普及和发展。

10. 可维护性

工业机器人通常需要长时间的运行，因此控制系统需要具备良好的可维护性，便于故障排除和维修，提高生产率。

二、工业机器人控制系统的组成

工业机器人控制系统是机器人实现精准运动和智能操作的核心，其组成可划分为以下关键模块。

1. 运动控制器

运动控制器是整个控制系统的"大脑"，负责接收和处理来自操作界面（如计算机、手持终端等）的指令，并将其转换为机器人各关节的运动指令。它通常由运动控制卡和运动控制软件组成。运动控制卡负责硬件层面的信号处理和驱动，而运动控制软件则用于编程、任务规划和实时监控。

运动控制器能够精确控制机器人的运动轨迹、速度和加速度，确保机器人按照预设的路径和姿态进行操作。

2. 伺服电动机

伺服电动机是机器人的动力来源，用于驱动机器人的各个关节和轴进行运动。伺服电动机系统通常包括电动机本体、减速器、编码器和驱动器。

1）电动机本体用于提供动力。

2）减速器能降低转速并增大转矩，以适应机器人的负载需求。

3）编码器用于实时测量电动机的转速和位置，并反馈给运动控制器，以实现精确控制。

4）驱动器用于接收运动控制器的指令，控制电动机的转速、转矩和方向。

3. 编码器

编码器是一种传感器，用于测量机器人关节的位置和速度，并将测量到的位置和速度信息反馈给运动控制器，实现闭环控制，确保机器人运动的精确性和稳定性。它包括以下常见类型：

1）光电编码器：通过光栅和光电元件测量位置和速度，精度高。

2）磁编码器：利用磁场变化测量位置和速度，抗干扰能力强。

3）电容式编码器：通过电容变化测量位置和速度，成本较低。

4. 传感器

传感器用于感知机器人周围环境的信息，为机器人的自主决策和安全运行提供支持。它包括以下常见类型：

1）视觉传感器：用于检测物体的形状、颜色、位置等信息，常用于识别和抓取任务。

2）力传感器：用于测量机器人与物体之间的接触力，常用于装配和打磨任务。

3）激光传感器：用于测量距离和检测障碍物，常用于导航和避障。

4）声纳传感器：用于测量距离和检测障碍物，尤其适用于水下环境。

5）温度传感器：用于监测机器人工作环境的温度，确保设备安全运行。

5. 通信模块

通信模块用于实现机器人控制系统与其他设备（如自动化生产线、计算机等）之间的数据交换和信息传递。

常见通信模块有以下几种：

1）以太网：高速、稳定，适用于工业网络环境。

2）CAN 总线：实时性强，适用于分布式控制系统。

3）RS232/RS485：传统串行通信方式，适用于近距离通信。

6. 操作界面

操作界面是用户与机器人控制系统交互的平台，用于输入指令、监控机器人状态和调整参数。

操作界面的常见形式有以下几种：

1）手持终端：便携式设备，用于现场操作和编程。

2）计算机软件：通过专用软件进行复杂任务的编程和监控。

7. 安全系统

安全系统用于确保机器人在运行过程中对操作人员和周围环境的安全。其组成包括以下内容：

1）紧急停止按钮：在紧急情况下快速停止机器人。

2）安全传感器：如安全光幕、安全地毯等，用于检测人员进入危险区域并触发紧急停止。

3）安全区域设置：通过软件设置机器人运动的安全区域，防止机器人进入危险区域。

8. 电源系统

电源系统为机器人控制系统提供稳定的电力供应，主要有主电源和备用电源。

1）主电源：为整个机器人系统提供电力。

2）备用电源：在主电源故障时提供临时电力，确保系统的安全停机。

9. 软件系统

软件系统是机器人控制系统的核心部分，用于实现机器人的编程、任务规划、实时监控和故障诊断等功能。其组成包括编程软件、监控软件和故障诊断软件。

1）编程软件：用于编写机器人的运动轨迹和任务逻辑。

2）监控软件：用于实时监控机器人的运行状态和参数。

3）故障诊断软件：用于检测和诊断系统故障，确保系统的稳定运行。

工业机器人控制系统由多个模块组成，各模块协同工作，实现机器人的精确运动控制、环境感知、安全运行和与其他设备的协同工作。这些模块共同构成了一个复杂而高效的系统，是工业机器人实现智能化和自动化操作的基础。

三、工业机器人的控制方式

工业机器人是一种能够自主执行各种任务的机器人，被广泛应用于制造业和物流业等。它们可以完成一系列重复性高、危险性大的工作，提高生产率和产品质量。为了使工业机器人能够正确地执行任务，需要对其进行有效控制。

1. 直接教导

直接教导是一种最基本的机器人控制方式。它通过人工干预来指导机器人执行任务。操作人员使用操纵杆或按钮等设备，通过手动移动机器人的关节或者末端执行器来控制机器人的运动。这种方式需要操作人员具备一定的机器人控制知识和技能，操作难度较大，适用于一些简单的任务。由于操作人员的干预，直接教导的精度在很大程度上取决于操作人员的技能水平。

2. 离线编程

离线编程是一种将机器人的运动轨迹预先编好，然后将程序传输到机器人控制器中，由机器人自动执行的控制方式。这种方式不需要人工干预，可以有效避免人工误差，提高生产率。离线编程需要使用专门的编程软件，通过模拟机器人的运动轨迹，预先检查程序的正确性，避免机器人在执行任务时出现意外情况。离线编程适用于重复性高、任务简单的场合。

3. 在线编程

在线编程是一种在机器人执行任务时对程序进行调整和修改的控制方式。这种方式可以根据实际情况对机器人的运动轨迹进行实时调整，以适应不同的生产环境。在线编程需要操作人员具备一定的机器人控制知识和技能，可以在机器人执行任务时进行实时调整。在线编程的精度比直接教导的更高，但对操作人员的技能水平要求也更高，操作难度较大。

4. 传感器控制

传感器控制是一种将传感器与机器人控制器相结合的控制方式。传感器可以采集机器人周围的环境信息，如温度、湿度、照度等，以及机器人的位置、速度等运动参数，并将这些信息传输到控制器中，从而实现对机器人运动的精确控制。传感器控制使机器人更加智能化，能够适应不同的生产环境，并在一些复杂的任务中发挥重要作用。

5. 人机交互

人机交互是一种通过人与机器人之间的交互来实现控制的方式。人机交互可以使机器人能够根据人的意图执行任务，也可以使人更加方便地控制机器人。人机交互需要使用人机交互界面，如触摸屏、语音识别等设备，通过操作界面来控制机器人的运动。

【拓展阅读】

中国智能控制技术发展已进入高速增长期，形成完整产业链与创新生态。

1. 核心产业爆发式增长

智能控制器市场规模从 2022 年 3.06 万亿元跃升至 2023 年 3.44 万亿元（复合年均增长率为 11.4%），拓邦股份、和而泰两大龙头市占率超 35%，其中拓邦股份 2023 年营收破百亿元，物联网控制器占比达 62%；和而泰汽车电子控制器出货量同比增长 217%，获比亚迪等车企定点。

2. 技术体系全面升级

1）控制算法革新：模糊神经网络（FNN）与深度强化学习（DRL）融合架构，在工业机器人领域实现 0.02mm 级运动精度。

2）应用场景突破：美的 M-smart 系统实现全屋设备能耗优化，节能率提升 40%；地平线征程 5 芯片算力达 128TOPS，支持 L4 级自动驾驶决策控制。

3）新兴领域扩展：星际荣耀双曲线二号火箭采用自适应预测控制，姿态调整响应 <50ms；优必选 Walker X 搭载多模态控制架构，关节转矩控制精度达 0.1N·m。

3. 创新生态加速完善

1）专利量质齐升：2023 年智能控制相关专利申请达 1824 件（同比 +21.8%），其中核心专利占比提升至 43%。

2）标准体系建设：主导制定 IEEE 2818—2023 工业智能控制国际标准，覆盖 5G-TSN 协同控制等 12 项关键技术。

3）政策强力支撑："十四五"智能制造发展规划明确 2025 年关键工序数控化率达 70%；新质生产力培育专项投入超 200 亿元，重点支持智能控制芯片研发。

当前我国企业在智能家电控制器市场占有率已达 68%，汽车领域控制器国产化率突破 45%。随着大模型与物理系统深度融合，智能控制技术正从执行层向认知决策层跃迁，开启"智能体即控制器"的新范式。

知识巩固

填空题

1. 工业机器人控制系统通过多维度技术创新实现_____。

单元三　微机电技术

学习目标

1.知识目标：了解微机电系统的材料与制造技术；掌握微机电系统的概念、分类及测量技术等。
2.能力目标：能理解微机电系统的测量技术；能阐述微机电系统的概念和分类。
3.素养目标：通过本单元的学习培养学生在学习过程中不断探索新方法、新技术，提升创新能力，培养精益求精、严谨细致的工匠精神。

相关知识

微机电系统（Micro Eletro Mechanical System，MEMS）是一种技术，其最一般的形式可以定义为使用微细加工技术制成的小型机械零件和机电元件（即设备和结构）。MEMS的一个主要特征是器件中至少存在具有机械功能的元件，无论这些元件是否可以移动。MEMS器件的关键物理尺寸跨度较大，最小可至亚微米级，最大可达数毫米。同样，MEMS装置的类型可以从没有运动元件的相对简单的结构变化到集成微电子的控制下具有多个运动元件的极其复杂的机电系统。用于定义MEMS的术语在世界各地有所不同。美国普遍采用"MEMS"这一称谓，一些欧洲国家多使用"微系统技术（MST）"或"微机械设备"等名称。

微机电系统

一、微机电系统概述

微机电系统是一种融合微机械结构、电子组件和计算机控制技术的微型集成系统。它通常由微型机械零件、感应元件、集成电路和智能控制单元组成，具有微型化、低功耗、高精度等特点。

MEMS技术的发展可以追溯到20世纪70年代。1970年，美国洛克希德公司研发团队成功研制了首个微型压力传感器，标志着微机械技术的突破性进展。随着半导体工艺与微加工技术的不断提升，MEMS逐步拓展至汽车电子、航空航天、生物医疗及工业自动化等领域。至1995年，美国微电子机械系统产业联盟（US MEMS Industry Group）的成立，标志着MEMS技术进入了成熟发展阶段。

（1）汽车电子领域　MEMS在汽车电子领域应用于发动机控制、安全气囊及倒车雷达等场景。倒车雷达通过MEMS传感器精准检测车辆后方障碍物距离和方位（图4-15），显著提高车辆行车安全。

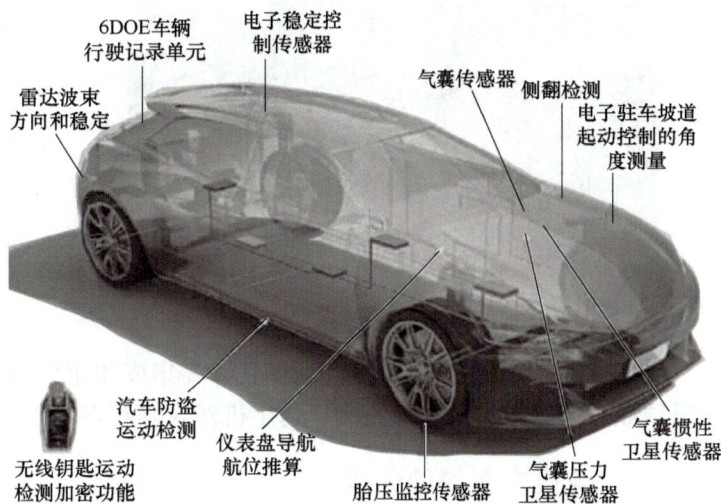
图4-15　MEMS在汽车电子领域的应用

（2）生物医疗领域　MEMS 在血压监测、胶囊内镜及人工耳蜗等医疗设备中发挥关键作用。人工耳蜗通过微机械元件和电子元件重建听力功能（图 4-16），已成为听障治疗的主流方案。

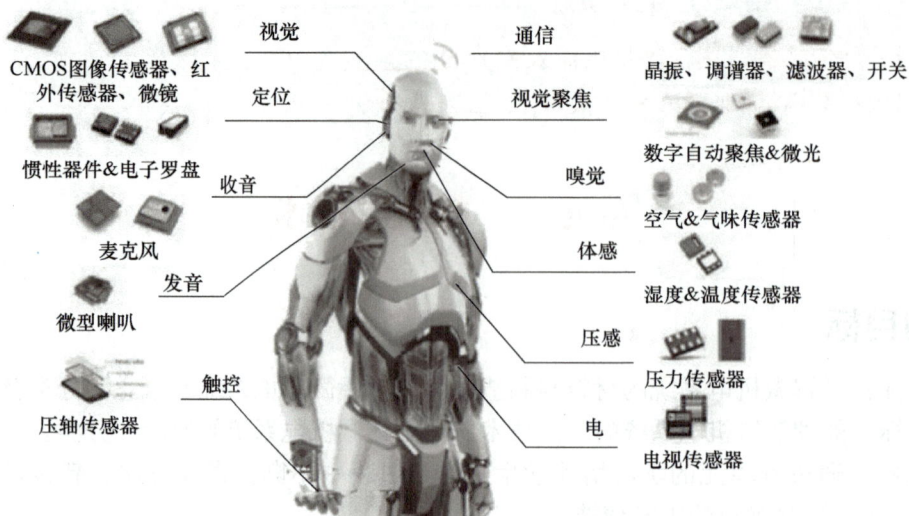

图 4-16　MEMS 在生物医疗领域的应用

（3）工业自动化领域　MEMS 气体流量计、压力传感器、温度传感器等器件支撑工业检测与控制，其高精度特性大幅优化生产流程。

（4）智能穿戴领域　集成 MEMS 的智能手环、智能手表（图 4-17）可实时监测心率和运动数据，为健康管理提供动态支持。

（5）智能家居领域　利用 MEMS 传感器和执行器实现灯光、空调等设备的智能调控（图 4-18），提高居住的舒适度和便利性。

（6）智能交通领域　通过 MEMS 技术优化交通信号控制与路况监测（图 4-19），有效缓解拥堵并降低事故风险。

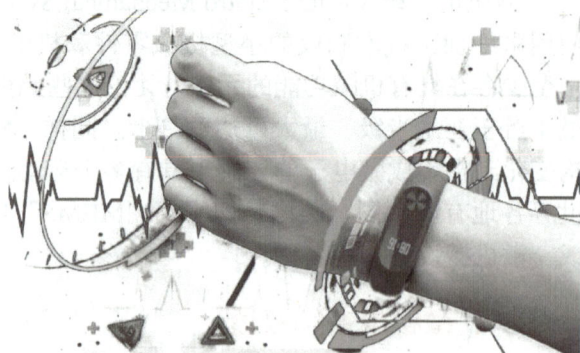

图 4-17　MEMS 在智能穿戴领域的应用

图 4-18　MEMS 在智能家居领域的应用

图 4-19　MEMS 在智能交通领域的应用

未来，MEMS 技术将持续向微型化、高集成和超高精度的方向发展，深度赋能智能穿戴、家居及交通领域，同时拓展至环境监测、仿生机器人等新兴场景，为人类带来更多的便利。

二、微机电系统的分类

微机电系统可分为传感器类 MEMS、执行器类 MEMS、生物 MEMS 和光学 MEMS 等，如图 4-20 所示。

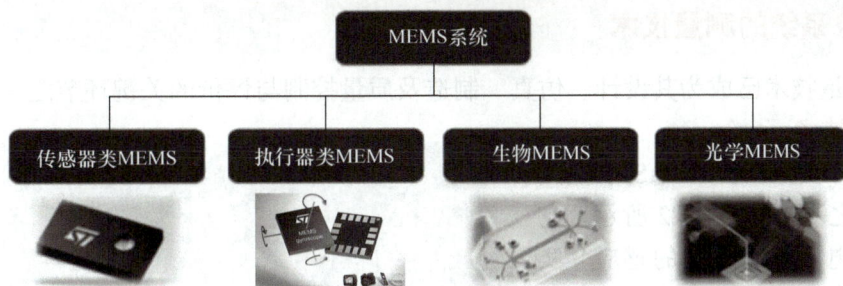

图 4-20　MEMS 系统分类

（1）传感器类 MEMS　传感器类 MEMS 是指利用微机械技术制造的各种传感器。这些传感器可以实现对各种物理量的检测和控制，如压力传感器、加速度传感器、角度传感器等。

（2）执行器类 MEMS　执行器类 MEMS 是指利用微机械技术制造的各种执行器。这些执行器可以实现对物理量的控制和调节，如微型电机、微型阀门、微型马达等。

（3）生物 MEMS　生物 MEMS 是指应用 MEMS 技术制造的各种生物传感器和生物芯片。这些系统可以实现对生物分子的检测和分析，如 DNA 芯片、蛋白质芯片等。

（4）光学 MEMS　光学 MEMS 是指利用 MEMS 技术制造的各种光学元件和系统。这些元件和系统可以实现对光学信号的检测和处理，如微型投影仪、微型扫描镜等。

三、微机电系统的材料与制造技术

随着微机电系统（MEMS）技术的不断发展，其所需材料和制造技术也在不断更新和改进。

1. 材料

1）硅是 MEMS 中最常用的材料之一，具有良好的力学性能和化学稳定性，可以通过微电子加工技术实现微型加工。此外，硅的热膨胀系数和热导率与许多材料相匹配，因此可以与其他材料组合使用。

2）玻璃是另一种常用的 MEMS 材料，具有良好的光学性能和化学稳定性，可以实现光学 MEMS 器件的制造。此外，玻璃还具有良好的耐高温性能，可以用于制造高温传感器。

3）金属材料在 MEMS 中也有广泛的应用。常见的金属材料包括铝、铜、金、钯等。这些金属具有良好的导电性和导热性，可以用于制造电极、热电偶等元件。

2. 制造技术

1）微电子加工技术是 MEMS 制造中最常用的技术之一。该技术利用光刻、薄膜沉积、离子刻蚀等步骤实现对硅片的微型加工。微电子加工技术具有高精度、高可靠性、高重复性等特点，可以制造出高性能的 MEMS 器件，如图 4-21 所示。

2）二次加工技术是指在 MEMS 器件的基础上进行的微型加工。该技术可以通过机械加工、电化学加工、激光加工等手段实现对 MEMS 器件的微型加工。二次加工技术可以用于修整器件表面、改变器件形状等操作。

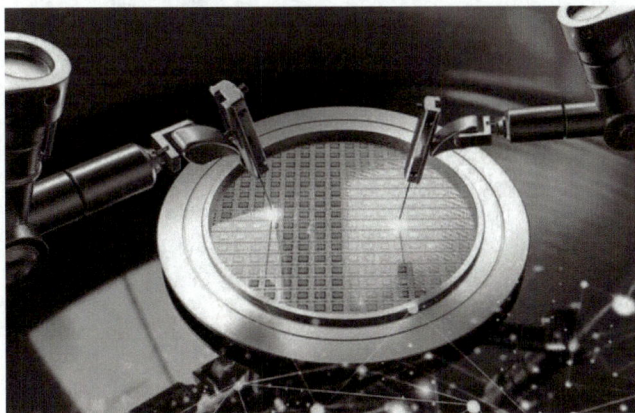

图 4-21　微电子加工技术示意

3）热成型技术是一种制造微型结构的方法，适用于制造大规模、低成本的 MEMS 器件。该技术利用热塑性材料的可变形性，将其成型为所需形状。

四、微机电系统的测量技术

MEMS 的测量技术已成为其设计、仿真、制造及质量控制与评价的关键环节之一。

1. 压力测量技术

MEMS 压力传感器是 MEMS 中应用最广泛的传感器之一，如图 4-22 所示。它通过利用微型机电元件对压力的感应，实现对压力的测量。MEMS 压力传感器具有高精度、高灵敏度、小型化、低功耗等特点，广泛应用于汽车、航空和医疗等领域。

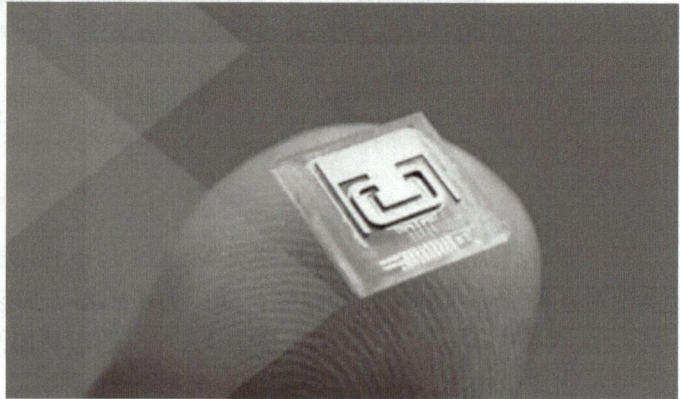

图 4-22　MEMS 压力传感器

2. 加速度测量技术

MEMS 加速度传感器是 MEMS 中另一种常用的传感器。它利用微型机电元件对加速度的感应，实现对加速度的测量。MEMS 加速度传感器具有高精度、高灵敏度、小型化、低功耗等特点，广泛应用于智能移动通信设备和运动监测等领域。

3. 陀螺仪测量技术

MEMS 陀螺仪是一种利用 MEMS 技术制造的惯性传感器，如图 4-23 所示。它利用微型机电元件对角速度的感应，实现对旋转角度的测量。MEMS 陀螺仪具有高精度、高灵敏度、小型化、低功耗等特点，广泛应用于飞行器、导弹和汽车等领域。

4. 光学测量技术

MEMS 光学传感器是一种利用 MEMS 技术制造的光学传感器。它利用微型机电元件对光学信号的感应，实现对光学信号的测量。MEMS 光学传感器具有高精度、高灵敏度、小型化、低功耗等特点，广泛应用于智能移动通信设备、数码相机和投影仪等领域。图 4-24 所示为 MEMS 光开关。

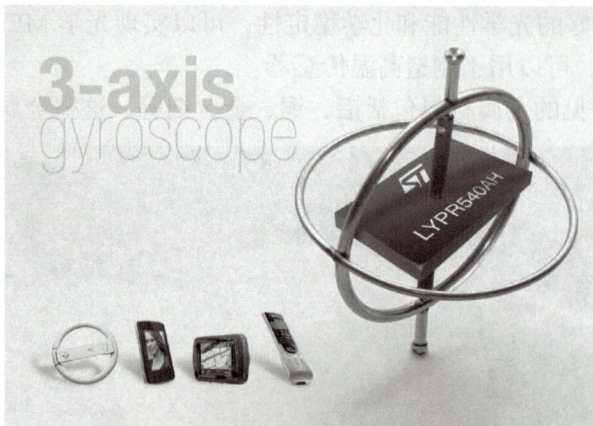

图 4-23　意法半导体 MEMS 陀螺仪

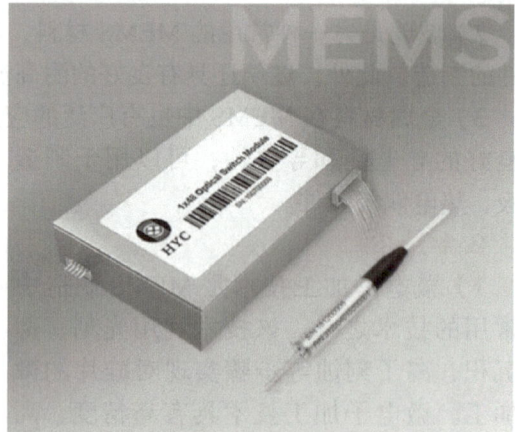

图 4-24　MEMS 光开关

【拓展阅读】

陀螺仪与战斗机飞行控制

在恶劣气象起降过程中，战斗机因湍流产生剧烈姿态偏移，飞行员需依赖陀螺仪实时监测飞行参数（俯仰角、偏航速率等），通过闭环控制系统自动修正飞行轨迹。

1. 技术原理

基于高速转子惯性稳定特性，陀螺仪可精准感知三轴角运动。当机翼发生毫米级偏移时，其内置传感器在毫秒级生成纠偏指令，联动飞控舵面实现姿态补偿。

2.演进历程

1）1852年，傅科发明机械陀螺仪，首次验证地球自转。

2）1908年，摆式陀螺罗经解决舰船导航定向难题。

3）第二次世界大战期间，德国V-2导弹搭载机械陀螺惯性导航，精度偏差达千米级。

4）1963年，激光陀螺仪突破动态范围限制，精度提升两个数量级。

5）20世纪80年代，光纤陀螺实现小型化量产，成本降低70%。

6）21世纪，MEMS陀螺（微米级硅振结构）与量子陀螺（冷原子干涉）推动导航系统进入微纳尺度与量子精度时代。

现代战斗机配备多模态陀螺阵列（MEMS + 光纤 + 量子），可在极端机动中维持 0.01° 姿态稳定精度，支撑隐身战机（如 F-35）实现"无忧虑操纵"飞行模式。

知识巩固

填空题

1.微机电系统是一种融合微机械结构、电子组件和计算机控制技术的微型集成系统。它通常由微机械零件、_____、_____和智能控制单元组成，具有_____、低功耗、_____等特点。

2.硅具有良好的_____和_____，可以通过微电子加工技术实现微型加工。

3.MEMS陀螺仪是一种利用MEMS技术制造的惯性传感器。它利用微型机电元件对_____的感应，实现对旋转角度的测量。

单元四　智能控制技术

学习目标

1.知识目标：了解智能控制技术的特点及控制方法；掌握智能控制技术的发展趋势。

2.能力目标：能理解智能控制技术的特点及控制方法；能阐述智能控制技术的应用领域及发展趋势。

3.素养目标：通过本单元的学习，培养学生的创新精神和研究能力，为其职业发展奠定坚实基础。

相关知识

智能控制技术主要研究微机原理与接口、人机界面应用、C语言程序设计以及机械制造等基础知识和技能。该领域涵盖智能产品软硬件设计、安装与调试、智能控制系统检测与维护、工业控制计算机系统的操作与优化。

一、智能控制技术概述

智能控制技术是指通过利用先进的计算机技术和智能算法，使控制系统能够感知环境、学习和适应环境变化，并根据预定目标实现自主决策和优化控制的一种技术。近年来，它在自动化领域迅速发展，广泛应用于工业控制、机器人、智能交通、智能家居等领域。

智能控制技术的核心是智能算法，常见的包括模糊控制、神经网络控制和遗传算法等。这些算法能够模拟人类的思维和决策过程，通过学习和优化提升控制系统的性能。与传统控制技术相比，智能控制技术具有更强的适应性和鲁棒性，能够有效处理非线性、不确定性和复杂性问题。

智能控制技术的应用非常广泛，包括工业控制，机器人技术，智能交通，智能家居等领域，如图4-25所示。

在工业控制领域，智能控制技术能够实现生产过程的自动化和优化，提高生产率和产品质量。例如，在化工生产中，智能控制技术可以根据实时工艺参数和环境条件动态调整生产参数，确保生产过程的稳定性和高效性。

在机器人技术领域，智能控制技术赋予机器人感知、决策和执行能力，使其能够在复杂环境中自主导航、执行任务和协作。例如，智能控制技术可以使无人机实现自主飞行和避障，使工业机器人能够自主抓取和组装物品。

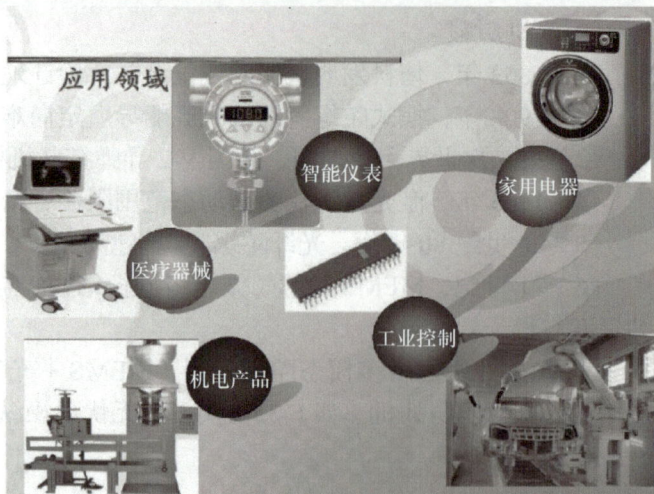

图4-25　智能控制技术的应用

在智能交通领域，智能控制技术可实时监测和优化交通流量，提高交通系统的运行效率和安全性。例如，通过智能信号灯控制和流量预测，可有效减少交通拥堵和事故。

在智能家居领域，通过智能控制技术可对家居设备进行远程监控和控制，提高家居的安全性、舒适性和能源利用效率。例如，智能控制系统可以实现照明、空调和电视等设备的智能控制和联动。

二、智能控制技术的特点及主要方法

1. 特点

智能控制是一种利用先进计算机技术和智能算法，使控制系统能够感知环境、学习和适应环境变化，并根据预定目标实现自主决策和优化控制的一种技术。它具有以下特点：

（1）自适应性　智能控制系统能够根据环境变化自主调整控制策略和参数，以适应不同的工作条件。它可以实时感知和分析环境信息，并根据信息的变化进行自适应调整，从而保持系统的稳定性和优化性能。

（2）鲁棒性　智能控制系统具有较强的抗干扰能力，能够处理系统中的不确定性和噪声。它可以通过智能算法和自学习能力，对系统的非线性特性、参数变化和外部干扰进行建模和补偿，从而保证系统的稳定性和控制精度。

（3）优化性能　智能控制系统通过学习和优化，不断改进控制策略和参数，实现系统的最优控制性能。它可以根据预定的目标函数和约束条件，通过智能算法和优化技术，寻找最优的控制策略和参数组合，从而使系统能够以最优的方式工作。

（4）学习能力　智能控制系统具有学习能力，能够根据历史数据和反馈信息，不断积累和更新知识，从而提高控制性能。它可以通过机器学习和模式识别技术，提取和分析数据中的模式和规律，从而改进控制策略和参数，实现系统的自主学习和优化。

2. 控制方法

智能控制技术的控制方法主要有以下几种：

（1）模糊控制　模糊控制是一种基于模糊逻辑的控制方法。它将模糊逻辑和控制规则应用于控制系统中，以处理不确定性和模糊性问题。它通过建立模糊规则库和模糊推理机制，将输入变量和输出变量之间的关系进行模糊建模和推理，从而实现对系统的控制。图4-26所示为模糊控制的原理。

（2）神经网络控制　神经网络控制是一种基于神经网络模型的控制方法。它模拟人脑神经元之间的连接和相互作用，以实现对系统的建模和控制。它通过训练神经网络模型，使其能够学习和适应系统的非线性特性和动态变化，从而实现对系统的自适应控制。图4-27所示为神经网络预测控制的原理。

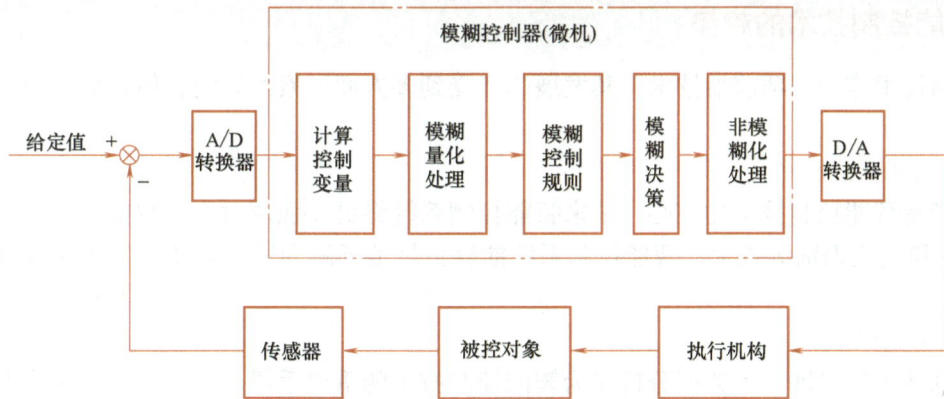

图 4-26 模糊控制的原理

（3）遗传算法控制 遗传算法控制是一种基于遗传算法的控制方法。它模拟生物进化过程中的遗传和选择机制，以实现对系统的优化控制。它通过建立适应度函数和遗传算子，将控制参数表示为染色体，并通过遗传算法的选择、交叉和变异操作，不断优化控制参数，从而实现系统的优化控制。图 4-28 所示为遗传算法控制的运算过程。

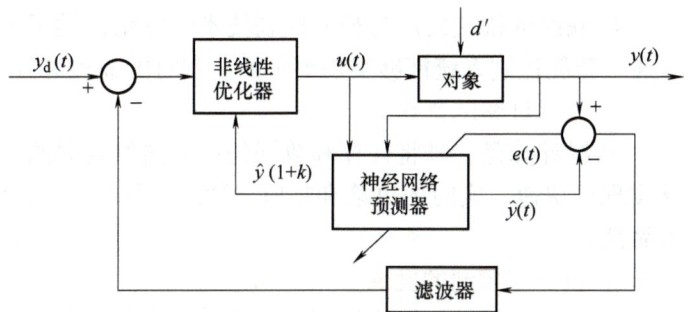

图 4-27 神经网络预测控制的原理

（4）智能优化算法 智能优化算法是一类基于进化算法、群体智能等方法的优化算法。它通过模拟自然界中的优化过程，实现对系统的优化控制。例如，粒子群优化算法（图 4-29）、人工蜂群算法等，都可以应用于智能控制中，通过优化搜索过程，找到系统的最优控制策略和参数。

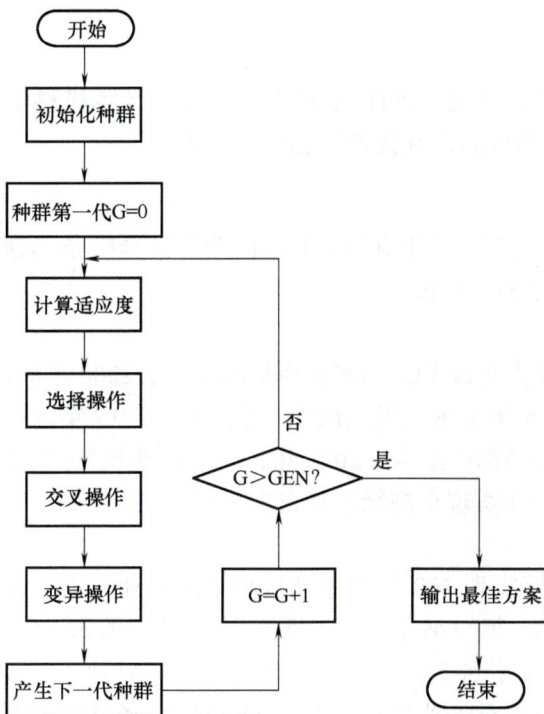

图 4-28 遗传算法控制的运算过程

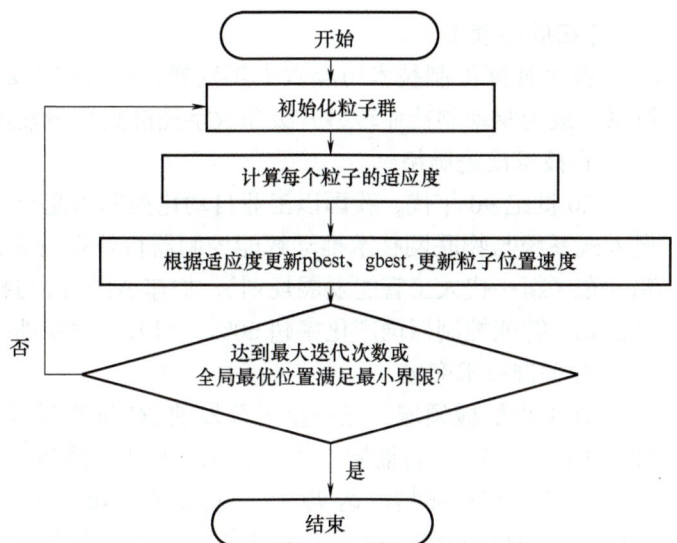

图 4-29 粒子群优化算法的流程

三、智能控制技术的趋势

智能控制技术作为一项前沿技术，其发展趋势受到多方面因素的影响，但也展示出一些积极的发展趋势。

1. 人工智能的融合

人工智能是智能控制技术的核心，未来智能控制系统将更加强调对人工智能的应用。通过深度学习、机器学习和模式识别等技术，智能控制系统能够更好地理解和适应环境，实现更高效、自动化的控制。

2. 大数据的应用

随着信息技术的发展，大数据分析成为智能控制技术的重要手段。通过收集、整理和分析大量的数据，智能控制系统能够更准确地预测和响应变化，提高控制的精确性和效率。

3. 物联网的发展

物联网的快速发展为智能控制技术的应用提供了更广阔的空间。通过将传感器、设备和系统互联互通，智能控制系统能够实现更全面、实时的监测和控制，提高系统的可靠性和适应性。

4. 边缘计算的兴起

边缘计算是一种将计算和数据处理推向离数据源更近的地方的技术，它与智能控制技术的结合能够实现更快速、实时的决策和响应。边缘计算可以减少数据传输和处理的延迟，提高系统的实时性和可靠性。

5. 自适应控制的发展

自适应控制是指智能控制系统能够根据环境和需求的变化自动调整控制策略和参数。未来，智能控制系统将更加注重自适应性，能够根据系统的实时状态和变化进行智能调整，提高控制的稳定性和鲁棒性。

6. 安全与隐私保护

随着智能控制系统的广泛应用，安全和隐私保护问题也变得越来越重要。未来，智能控制技术将更加注重数据安全和隐私保护的设计，采用加密、认证和访问控制等手段，确保系统的安全性和可信度。

7. 多学科融合

智能控制技术的发展需要多学科的融合和合作。未来，智能控制技术将更加注重与计算机科学、电子工程、控制工程、心理学等学科的交叉合作，共同推动智能控制技术的创新和发展。

【拓展阅读】

我国智能控制技术历经数十年发展，已形成"基础研究 - 产业应用 - 生态构建"的全链条创新体系，成为驱动制造业转型升级和数字经济高质量发展的核心引擎。

1. 技术演进脉络

20 世纪 90 年代，我国以工业自动化控制为起点，重点突破 PLC、DCS 等基础技术。2000 年后，嵌入式系统与物联网技术推动智能控制器行业爆发。2015 年市场规模突破 1.1 万亿元。2017 年国务院发布《新一代人工智能发展规划》，加速 AI 算法与控制的深度融合。2022 年，核心产业规模达 3.2 万亿元，智能控制器国产化率超 60%，华为、比亚迪等企业实现车规级芯片自主可控。

2. 关键技术突破

在工程机械领域，三一重工开发的 5G 远程操控系统实现 200 公里外毫米级精准作业，设备运维成本降低 35%。智能制造方面，工业机器人密度从 2015 年的 49 台 / 万人跃升至 2022 年的 322 台 / 万人，AI 视觉检测精度达 99.9%。新能源领域，比亚迪 e 平台 3.0 搭载的域控制器算力提升 30 倍，支持整车 OTA 升级。量子控制技术更在合肥实验室实现单量子比特操控精度 99.99%，跻身国际第一梯队。

3. 未来发展方向

当前我国正构建"云 - 边 - 端"协同的智能控制体系：边缘侧研发存算一体芯片（如平头哥半导体有限公司研发的含光 800 芯片），云端部署工业大模型；应用端向智慧农业、深海探测等场景延伸。预计 2030 年产业规模将突破 8 万亿元，形成以自主可控技术为核心的全球智能控制新高地。

知识巩固

填空题

1. 智能控制技术的核心是_____，常见的包括模糊控制、神经网络控制和遗传算法等。

2. 智能控制技术的特点有：_____、_____、_____、_____。

3. 未来，智能控制技术将更加注重与计算机科学、电子工程、控制工程、心理学等学科的交叉合作，共同推动智能控制技术的_____和_____。

模块五

现代工程管理技术

18世纪的工业革命推动手工作坊向工厂化生产转变，催生现代制造业。20世纪初，制造业成为重要产业，实现批量生产。20世纪50年代，制造业形成大规模生产方式，刚性自动化生产线成为典型。20世纪60年代以后，市场竞争加剧，催生多品种中小批量生产方式，数控加工技术和柔性制造系统成为标志。20世纪末，高新技术和经济全球化推动先进制造模式涌现，如计算机集成制造、敏捷制造、虚拟制造、智能制造、绿色制造等。

在制造技术发展的同时，管理技术也同步发展。20世纪初，福特汽车公司的流水生产线基于"专业化分工"和"标准化"管理思想。20世纪50年代以后，成组技术、全面质量管理、企业资源规划等管理思想和管理方法相继出现。近10年来，先进制造技术中融入并行工程、敏捷制造等，其中蕴藏了丰富的管理科学理念和新型管理模式。

单元一　质量管理与管理信息系统

学习目标

1. 知识目标：了解质量管理与管理信息系统的含义。
2. 能力目标：能理解质量管理与管理信息系统内涵。
3. 素养目标：通过本单元的学习，培养学生质量为先的质量意识，形成持续改进的质量管理思维。

相关知识

质量控制贯穿产品全生命周期，是提高产品的市场竞争力，降低产品的综合成本的核心战略。当今时代新技术不断涌现，市场竞争越来越激烈，质量管控已成为企业应对竞争、满足用户精准需求的关键抓手。

一、质量的定义

任何产品都是为了满足用户的需求而设计、开发和生产的。质量就是产品满足用户明确的或隐含的需求的特征和特性的总和。它既包括有形产品，也包括无形产品；既包括产品内在的特性，也包括产品外在的特性。质量包括了产品的适用性和符合性的全部内涵。可见，质量是针对一个产品或一项服务而言的。

目前更流行、更通俗的定义是从用户的角度去定义质量：质量是用户对一个产品（包括相关的服务）满足程度的量化评价。一个产品的质量只有在使用过程中才能体现出来，因此质量的终极评判权属于使用者。用户满意度是质量的黄金标准。

工业产品质量是指工业产品适合一定的用途、满足用户需要所具备的特征和特性的总和，即产品的适用性。它包括产品的内在特性，如产品的结构、物理性能、化学成分、可靠性、精度、纯度等，也包括产品的外在特性，如形状、外观、色泽、音响、气味、包装等，还包括产品的经济特性，如成本、价格、使用和维修费用等，以及其他方面的特性，如交货期、污染公害等。工业产品的不同特性，区别了各种产品的不同用途，满足了人们的不同需要。可以把各种产品的不同特性概括为适用性、可靠性、安全性、使用寿命、经济性等。

二、质量管理

质量管理是企业全部管理职能的一个方面，它通常包括制定质量方针和质量目标以及质量策划、质量控制、质量保证和质量改进。质量管理包含了指导和控制企业中关于质量的相互协调的活动，以及达到质量目标所必需的全部职能和活动。

三、质量管理的发展

一般认为，现代意义上的产品质量管理经历了三个阶段。

（1）产品质量检验阶段　早期，为了有效保证产品的质量，人们在生产过程中专门设置了单独的质量检验环节，对产品进行质量检验。这种事后检验的方式是一种被动的质量管理。

（2）统计质量控制阶段　1924 年美国学者根据数理统计原理，提出了一种统计质量控制（Statistical Quality Control，SQC）方法，即质量控制图法。它利用过去的经验，预测产品质量可能出现问题的环节及其可能性。1929 年，美国学者提出了抽样检验法。这种方法对于那些必须通过破坏性试验进行质量检验的产品尤为重要。

（3）全面质量管理阶段　第二次世界大战之后，随着产品的结构与性能的日益复杂，传统的质量管理方式已无法满足需求。美国学者又提出了全面质量控制（Total Quality Control，TQC）的概念。20 世纪 60 年代以来，TQC 理念不断深入人心，并发展为全面质量管理（Total Quality Management，TQM），从此制造企业的产品质量管理逐渐进入了全面质量管理时代。

质量管理三个阶段的主要特点见表 5-1。

表5-1　质量管理三个阶段的主要特点

项目	质量管理阶段		
	产品质量检验阶段	统计质量控制阶段	全面质量管理阶段
生产特点	手工、半机械生产	大量生产	现代化生产
管理特点	事后消极控制	事前积极预防	防检结合，全面管理
管理范围	生产过程	制造过程	产品质量形成全过程
参与人员	检验部门人员	技术与检验部门人员	企业全体员工

四、质量管理的意义

质量是通过设计和制造实现的，而不是单纯依靠检验得来的。产品质量的形成是一个逐步实现的过程。其全过程包括若干环节，这些环节共同构成了一个质量系统。系统目标的实现取决于每个环节质量职能的有效落实和各个环节之间的协调配合。因此，必须对质量形成的全过程进行科学的计划、组织和控制，并通过开展全面质量管理确保目标的达成。

五、管理信息系统

管理信息系统（Management Information System，MIS）是以计算机技术为基础，旨在为企业管理和决策提供信息支持的系统。它使得用户可以系统地、高效地利用信息，使信息使用效率达到最高。这里所说的用户可以是一个企业，也可以是一个企业中的某个部门。管理信息系统给出了企业过去发生了什么、现在正在做什么、将来可能发生什么等信息。信息的输出可以是周期性的报告、专门报告、数学模型和其他形式的报表，用户可以利用这些信息做出决策和解决问题。

一个企业的 MIS 通常具有以下特征：

1）经过总体规划，MIS 能为企业整体目标服务，系统设计包括生产、供应、销售的主要功能模块，确保系统与企业战略的一致性。

2）MIS 有一个存放企业生产、经营和管理信息的共享数据库，支持信息的集中化管理和高效利用。

3）MIS 通过覆盖企业主要管理和生产部门的计算机网络，实现信息的快速传递和共享，提升协作效率。

4）MIS 具有面向企业决策者的综合分析能力，并提供一定的辅助决策支持，帮助管理层制定更科学的决策。

MIS 对企业的影响主要表现在以下几个方面：

1）对企业管理方式的影响。与传统的人工管理方式相比，MIS 提供的信息不仅迅速，而且全面和准确，能够为企业的生产经营管理和决策提供详尽的、经过分析处理的信息，使管理人员能够及时掌握企业生产经营全貌，推动管理方式由定性向定量转变。

2）对企业组织的影响。MIS 在企业中的全面应用，使中下层管理人员从烦琐的事务性工作中解脱出来，有更多精力考虑具体的生产经营过程中的管理问题；高层管理人员则可利用计算机网络获得足够信息，直接与各个部门高效交流。

3）对企业发展的影响。在高度信息化的现代社会中，信息系统是企业与信息高速公路接轨的通道。没有信息系统的支持，企业可能在信息洪流中被孤立。应用 MIS 能使能更好地企业适应日益激烈的市场竞争环境，保持持续发展的能力。

【拓展阅读】

国内企业应用管理信息系统的成功案例

1. 中国铁路物资股份有限公司钢轨全寿命大数据管理平台

中国铁路物资股份有限公司通过钢轨全寿命大数据管理平台，整合了钢轨生产、焊接、供应、铺设、养护、维修、更换和报废等全生命周期的数据资源。该平台利用物联网、大数据和云计算技术，为行业决策、全产业链协同和铁路运营安全提供数据支持。

2. 同海能源科技发展有限公司企业 MIS 系统

同海能源科技发展有限公司开发了一套覆盖企业行政、经营、生产、技术四个维度的 MIS 系统，包含 27 个模块，可独立运行或组合使用。该系统已在多个企业成功实施，帮助企业规范管理、提升效率、降低成本，并推动企业管理现代化。

3. 国家电网有限公司"网上国网"客户服务主入口

国家电网有限公司通过建设"网上国网"客户服务主入口，打造了国际领先的能源服务数字化平台。该平台整合了多种服务功能，提升了客户服务体验，同时优化了企业的运营效率。

4. 中国航空油料集团有限公司智慧航油系统

中国航空油料集团有限公司通过智慧航油系统，整合了大数据、人工智能和金融服务，实现了从加油到支付再到客户服务管理的全链条电子化。该系统提升了航油服务保障能力，优化了资源配置，彰显了企业的数字化和智能化实力。

这些案例展示了管理信息系统在不同行业中的广泛应用及其对企业运营效率和竞争力的显著提升。

知识巩固

一、填空题

1. 工业产品质量是指工业产品适合_____、满足用户需要所具备的特征和特性的总和,即产品的_____。

2. 质量管理是企业全部管理职能的一个方面,它通常包括制定_____和_____以及质量_____、质量_____、质量_____和质量_____。

3. 1924 年美国学者根据数理统计原理,提出了一种_____方法。

4. 1929 年,美国学者提出了_____。

5. 管理信息系统(Management Information System,MIS)是以_____为基础,旨在为企业管理和决策提供_____的系统。

二、选择题

全面质量控制(Total Quality Control,TQC)的概念于(　　)提出。

A. 1924 年　　　　B. 1929 年　　　　C. 第二次世界大战之后

单元二　制造资源计划

学习目标

1. 知识目标:了解制造资源计划的定义。

2. 能力目标:能理解 MRP 与 MRP Ⅱ 的关系。

3. 素养目标:通过本单元的学习,旨在调动学生的学习积极性,培养学生持续改进和创新的意识,同时提升学生在团队环境中进行有效沟通和协作的能力。

相关知识

物料需求计划(Material Requirements Planning,MRP)是 20 世纪 60 年代初在美国开始出现的通过计算机技术来计算物料需求并制订生产作业计划的一种方法。凭借计算机强大的信息处理能力,MRP 使企业的物资计划与控制取得了显著成效,推动企业物料管理进入了一个新的阶段。自 20 世纪 70 年代以后,MRP 在制造业中的应用日益广泛,并且在实践中得到进一步发展,最终演变为制造业全面的生产管理系统——制造资源计划(Manufacturing Resources Planning,MRP Ⅱ)。

一、制造资源计划概述

MRP 的发展经历了下面三个阶段:

(1)开环 MRP　即物料需求计划,其工作过程如图 5-1 所示。它主要是通过三种信息即主生产计划、库存状态以及产品结构信息的输入来实现物流需求的计算。主生产计划是一个综合性计划,用于确定最终产品的出产时间和出产数量;库存状态信息记录了所有产品、零部件、在制品、原材料的库存情况;产品结构信息也称物料清单(BOM),列出了生产某系列最终产品所需的零部件、辅助材料或材料。

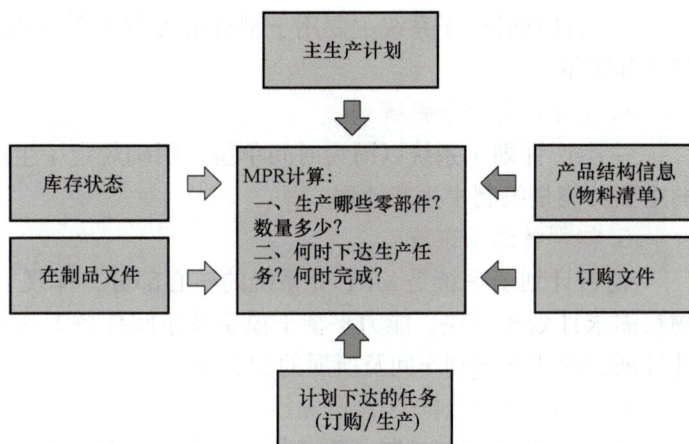

图 5-1　开环 MRP 的工作过程

（2）**闭环 MRP**　它是一个生产计划与控制的系统。它在开环 MRP 的基础上增加了处理生产能力的功能，形成了闭环 MRP 系统，如图 5-2 所示。在闭环 MRP 中，计算出主生产计划及物料需求计划后，需要通过粗能力计划和能力需求计划等模块进行生产能力平衡。如果生产能力不能满足计划要求，系统能够对计划做出相应的调整。此外，闭环 MRP 还能收集生产活动和采购活动的执行情况，以及外界变化的反馈信息，作为计划调整或制订下一期计划的依据。此时的 MRP 具备了"计划 - 执行 - 反馈"结构，能对生产计划和实施控制进行有效管理。

（3）**MRP Ⅱ**　它是一个企业的经营生产计划与控制系统。在闭环 MRP 完成对生产的计划与控制的基础上，进一步扩展，使之与经营、财务以及生产管理相结合，形成了 MRP Ⅱ。由于 MRP Ⅱ 将企业经营管理的职能整合在一起，因此它不仅能对生产过程进行有效的管理和控制，还能对整个企业计划的经济效果进行模拟。这对企业高层决策具有重要意义。

现阶段，MRP Ⅱ 已融合了其他现代管理思想及技术，正在面向更为广泛的市场，进入了企业资源计划（Enterprise Resource Planning，ERP）阶段。

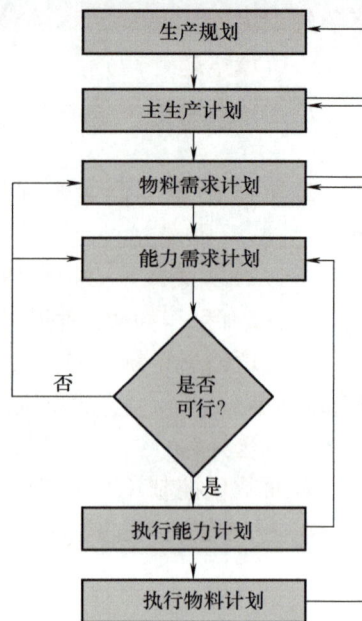

图 5-2　闭环 MRP 的工作过程

二、制造资源计划的结构

MRP Ⅱ 系统一般包括如下子系统。

1. 基础数据库子系统

基础数据库子系统包含 MRP Ⅱ 系统中涉及的产品结构、零件明细、材料消耗、工艺路线、工时定额等生产技术数据。它的主要功能包括：

1）物料清单管理：维护产品结构和零部件信息。

2）工艺路线管理：管理生产过程中的工艺步骤和时间标准。

3）资源数据管理：记录和管理生产所需的资源信息。

2. 库存管理子系统

库存管理子系统负责管理生产过程中涉及的各种库存，包括材料库、标准件库、电动机库、毛坯库和半成品库等。MRP Ⅱ 系统通过优化库存管理，显著减少了库存占用带来了明显的经济效益。

3. 经营计划管理子系统

经营计划管理子系统主要用于制订销售与生产计划，一般分为若干个子系统，以支持不同层面的计划和决策。

4. 主生产计划子系统

主生产计划子系统以周为时间单位，明确规定了生产的产品和零件的种类及生产时间。该子系统的主要功能是编制主生产计划。

5. 物料计划子系统

物料计划子系统是 MRP Ⅱ 系统的核心部分，体现了 MRP 系统的逻辑基础。它包括三个子模块：物料需求计划子模块、能力平衡子模块及车间任务下达子模块。三个子模块密切相关，将主计划以零件计划的形式下达到车间及所属的加工中心。

6. 车间作业计划与控制子系统

车间作业计划与控制子系统用于监控生产进度和 MRP 系统计划的执行情况。其功能有两个：一个是根据 MRP 系统的输出制订车间内部作业计划，生成工票并进行派工；另一个是根据生产现场信息编制完工报告，反馈生产进度。

7. 物资采购供应子系统

它结合市场合同订单和传统订货方法，主要解决两个问题：一是在产品合同确定后，快速汇总标准件和材料的需求量；二是当产品投产时，及时掌握标准件与材料的需求量及库存情况，确保供应及时。

8. 成本核算与财务管理子系统

成本核算与财务管理子系统与前面的子系统紧密相连。它依赖于其他子系统提供的数据基础进行成本核算和财务管理工作。

三、制造资源计划的特点

MRP Ⅱ 系统是一个完整的生产经营管理计划体系，是实现制造业企业整体效益的有效管理模式。其特点如下。

1. 管理的系统性

MRP Ⅱ 系统是一项系统工程，把企业所有与生产经营直接相关部门的工作整合为一个整体。各部门从系统整体出发，协调开展本职工作，每个员工都知道自己的工作质量同其他部门的关联关系。这种整合取代了传统的条块分割、各自为政的局面。

2. 数据共享

MRP Ⅱ 是一种制造企业管理信息系统，企业各部门都依据同一数据信息进行管理。任何一种数据变动都能及时反映给所有相关部门，实现数据的实时共享。

3. 动态应变型

MRP Ⅱ 系统是一个闭环系统，能够实时跟踪、控制和反馈不断变化的实际情况。管理人员可随时根据企业内外环境的变化迅速做出响应，及时调整决策，保证生产的正常进行。

4. 模拟预见性

MRP Ⅱ 系统是生产经营管理规律的反映，具有模拟功能。它可解决"如果……将会怎样"的问题，预见较长计划期内可能发生的问题，并事先采取措施消除隐患，避免问题发生后再花费大量精力去处理。

5. 物流与资金流的统一

MRP Ⅱ 系统整合了成本会计和财务功能，能够将生产活动直接转化为财务数据。它把实物形态的物料流动转换为价值形态的资金流动，保证生产和财务数据的一致性。财务部门能及时得到资金信息，应用于成本控制，并通过资金流动状况反映物流和生产经营情况，随时分析企业的经济效益，参与决策，指导和控制生产经营活动。

【拓展阅读】

国企应用 MRP 案例

1. 湖北汉阳造纸厂

1997 年，湖北汉阳造纸厂面临破产困境，由山东晨鸣纸业集团合资控股后，开始进行管理改革，引入 MRP Ⅱ 系统，对企业的生产、库存、销售等环节进行全面管理。

通过 MRP Ⅱ 系统的应用，企业杜绝了出工不出力的现象，提高了劳动生产率，管理发生了积极变化，实现了扭亏为盈。

2. 上海第二机床厂

上海第二机床厂是一个生产车床的中型国有企业，为改进管理，提升生产率和管理水平。1993 年初开始实施 MRP Ⅱ，购置了小型机和软件的 11 个模块，经过 2 年的实施，已有 10 个模块投入运行。通过 MRP Ⅱ 系统的实施，企业生产计划的准确性和及时性得到了提高，库存管理更加科学合理，生产效率和产品质量也得到了提升。

知识巩固

一、填空题

1. 物料需求计划（Material Requirements Planning，MRP）是20世纪60年代初在美国开始出现的通过计算机技术来计算_____并制订_____的一种方法。

2. 开环MRP主要是通过三种信息即_____、_____以及_____来实现物流需求的计算。

3. MRP Ⅱ系统的五个特点分别是：_____、_____、_____、_____、_____。

二、选择题

1. 主生产计划以（　　）为时间单位。

A.天　　　　　　　　B.周　　　　　　　　C.月

2. MRP Ⅱ系统的核心部分是（　　）。

A.物料计划子系统　　B.主生产计划子系统　　C.成本核算与财务管理子系统

单元三　精益生产

学习目标

1. 知识目标：了解精益生产的概念及内涵；

2. 能力目标：能理解精益生产的内涵；能阐述精益生产的作用。

3. 素养目标：通过本单元的学习，培养学生持续改进的意识，鼓励他们不断寻求提高工作效率和质量的方法，发展创新思维，并寻找新的方法和工具优化生产流程。

相关知识

精益生产（Lean Production，LP）是由麻省理工学院（MIT）根据其在题为《国际汽车计划》（IMVP）研究中，基于对日本企业成功经验的总结而提出的一种生产理念。在我国，它也被称为精良生产、精益制造（Lean Manufacturing，LM）。精益生产之所以得名，是因为与传统生产方式相比，它能够显著减少各种资源的投入，降低库存和废品率，同时支持多样化且不断变化的产品需求。

一、精益生产概述

精益生产源于日本丰田公司。1950年，丰田公司常务董事丰田英二和该公司机械厂厂长大野耐一赴美考察福特公司位于底特律的德鲁奇轿车厂，历时三个月。他们结合自身特点，分析了福特公司大量流水生产方式的利弊，并从美国超市"缺货后及时补货"的模式中获得启发，提出了"准时化生产（Just in Time，JIT或JT）"的理念。1953年，丰田英二和大野耐一正式确立了丰田生产方式，这是一种全新的生产方式，既不同于欧洲的单件生产方式，也不同于美国的大批量生产方式。它综合了两者的优点，使工厂的工人、设备投资、厂房以及开发新产品的时间等一切投入都大为减少，同时提升了产品质量和产量。1980年，日本的汽车产量达到1300万辆，占世界汽车总量的30%以上，成为当时的世界汽车制造第一大国。1985年，麻省理工学院启动了"国际汽车计划"（IMVP）研究项目，历时五年，对美、日以及西欧14个国家的近90家汽车制造厂进行了实地调研。1990年，项目组出版了《改变世界的机器》，首次提出了"精益生产"这一概念。

尽管麻省理工学院的教授们在《改变世界的机器》一书中提出了精益生产的概念，但并未给出精益生产的确切定义。1998年，美国运营管理协会（APICS）在《APICS辞典》（第九版）中定义精益生产为一种在整个企业范围内以降低在所有生产活动中各种资源（包括时间）的消耗，并使之最小化的生产哲学。它要求在设计、生产、供应链管理及客户关系等各个方面发现并消除所有的非增值行为。

精益生产

120

我国学者杨光薰教授对精益生产的定义为：精益生产是通过系统结构、人员组织、运行方式和市场供求等方面的变革，使生产系统能够快速适应用户需求的变化，并能使生产过程中一切无用、多余的东西被精简，最终达到包括市场销售在内的生产的各方面最好的结果。

二、精益生产的特点

1. 以"人"为中心的人机系统

企业把员工看作是比机器更为重要的资产，实行终身雇佣制，赋予工人充分的自主权。生产线上每个工人都有权在发现问题时暂停生产，并与团队共同查找故障原因，做出决策，解决问题，消除故障。

2. 以用户为核心

产品面向用户，以多变的产品、尽可能短的交货期来满足用户的需求。不仅要向用户提供周到的服务，还要洞悉用户的思想和要求，生产出适销对路的产品。产品的适销性、价格合理性、高质量、快速交货、优质服务是面向用户的基本要求。

3. 精简组织机构

在组织机构方面实行精简化，去除多余的环节和人员。此外，精良不仅仅是指减少生产过程的复杂性，还包括在减少产品复杂性的同时，提供多样化的产品。

精益生产强调综合工作组（team work）工作方式进行产品的并行设计。综合工作组是指由企业各部门专业人员组成的多功能设计组，对产品的开发和生产具有很强的指导和集成能力。综合工作组全面负责一个产品型号的开发和生产，包括产品设计、工艺设计、编制预算、材料购置、生产准备及投产等工作，并根据实际情况调整原有的设计和计划。综合工作组是企业集成各方面人才的一种组织形式。

4. 准时化供货（JIT）

准时化供货方式可以保证最小的库存和最少的在制品数。为了实现这种供货方式，应与供货商建立起良好的合作关系，相互信任，相互支持，利益共享。

5. 追求零缺陷

精益生产以"零缺陷"为目标，追求最低成本、最好质量、无废品、零库存与产品的多样性。尽管这样的境界难以实现，但应无止境地去追求这一目标，才会使企业永远保持进步。

三、精益生产的体系构成

精益生产体系就是在计算机网络支持下的、以团队协作方式工作的并行工作方式。它的三大支柱包括：

1）全面质量管理。它是保证产品质量，达到"零缺陷"目标的主要措施。

2）准时生产和零库存。它是缩短生产周期和降低生产成本的主要方法。

3）成组技术。这是实现多品种、按顾客订单组织生产、扩大生产批量、降低成本的技术基础。

【拓展阅读】

国内实施精益生产的成功案例。

1）华为技术有限公司：在松山湖基地的手机生产线，华为通过引入精益生产理念，将生产间隔缩短至 28.5s 出一台手机，大幅提升了生产率。

2）中国中车集团有限公司：搭建了"6621"精益运营管理平台，整体推进精益生产。通过准时化配送、工位制节拍化流水线生产等方式，提升了生产率和产品质量。

3）美的集团股份有限公司：在空调生产中，美的通过精益生产优化了生产流程，减少了库存，提高了生产率和产品质量。

4）海尔集团：全面引入精益生产管理，优化生产流程，提升产品质量，生产率提升了 30%，产品不良率降低了 50%。

5）比亚迪汽车有限公司：通过精益生产管理，优化供应链，减少库存，库存周转率提升了20%，生产成本降低了15%。

这些案例展示了精益生产在国内不同行业中的成功应用，为企业带来了显著的效益提升。

知识巩固

填空题

1. 精益生产是通过_____、_____、_____和_____等方面的变革，使生产系统能够快速适应用户需求的变化，并能使生产过程中一切无用、多余的东西被精简，最终达到包括_____在内的生产的各方面最好的结果。

2. 精益生产的五个特点：_____、_____、_____、_____和_____。

3. 精益生产体系的三大支柱包括：_____、_____、_____。

模块六

在线检测技术

在线检测也称实时检测，是在加工的过程中实时监控刀具状态，并依据检测结果采取相应措施的一种技术。在线检测是一种基于计算机自动控制的检测方法，其检测过程由数控程序控制。闭环在线检测的优势在于它能够保证数控机床的加工精度，拓展数控机床的功能，优化数控机床的性能，提高数控机床的效率。

单元一 精密测量技术

学习目标

1. 知识目标：了解精密测量技术的发展。
2. 能力目标：能阐述精密测量仪器的分类，并分辨不同精密测量仪器的使用场景。
3. 素养目标：通过本单元的学习，培养学生勤于思考、善于提问的习惯，激发他们好奇心和探究精神，促进他们的批判性思维和创新能力的发展。

相关知识

精密测量技术是一种广泛应用于各种工业和科学领域的技术，它主要用于实现对各种物理量的高精度测量。现代精密测量技术是一门集光学、电子、传感器、图像、制造工艺及计算机技术为一体的综合性技术。

一、精密测量技术概述

精密测量技术是一种在微小尺度范围内进行高精度测量的先进技术，广泛应用于机械制造、电子信息、航空航天等领域。其核心功能在于实现对各类物理量的精确测量，包括长度、角度、形状、表面粗糙度等。

精密测量技术的分类主要包括接触测量与非接触测量、绝对测量与相对测量、单项测量与综合测量等。例如，接触测量通过测头与被测件表面接触来获取数据，而非接触测量则利用光学或电子原理实现无接触测量。此外，主动测量（如加工过程中的实时检测）可以通过反馈控制提高加工精度，而被动测量（如加工完成后的检测）主要用于筛选不合格品。

精密测量技术的应用领域非常广泛。在工业制造中，它用于精密零件的尺寸和形状检测；在科学研究中，它为实验数据的精确获取提供了保障；在航空航天领域，它确保了飞行器零部件的高精度装配。此外，量子精密测量技术作为前沿领域，通过利用量子叠加和纠缠等特性，显著提升了测量精度，广泛应用于国防、导航、生物医疗等领域。

精密测量技术的发展不仅推动了高端制造业的进步，还为科学研究提供了重要支撑。未来，随着量子精密测量等新技术的不断突破，精密测量技术将在更多领域发挥关键作用。

二、精密测量技术的趋势

1. 自动化、智能化

精密测量技术朝着自动化、智能化的方向发展。自动化测量系统能实现对测量过程的自动化操作，减少人为干预，提高测量效率。智能传感器和测量仪器具备自主识别和自适应调节能力，可根据测量对象的特性自动调整测量参数，实现智能化测量。人工智能和机器学习技术的应用，使测量数据能够进行实时分析和处理，进一步提升测量的精度和可靠性。自动校准和标定功能在测量系统中的运用，排除了人为因素的干扰，确保测量结果的准确性和可靠性。

2. 实时化、在线化

精密测量技术朝着实时化、在线化的方向发展。实时化的精密测量技术可以实现对生产过程中关键参数的实时监测和控制，例如监测零件加工过程中的尺寸变化，并及时调整加工参数，确保产品质量和生产率。在线化的精密测量技术则可以将测量数据实时传输到计算机系统或云端平台进行处理和分析，实现数据的实时共享和远程监控。这种技术不仅提高了数据处理的效率和准确性，还为远程管理和决策提供便利。为制造业提供了更加智能化和高效化的解决方案。

3. 非接触、非破坏

精密测量技术越来越趋向于采用非接触、非破坏的测量方法，避免对测量对象造成损伤。非接触式测量技术包括光电、电磁、超声波等技术，这些技术可以在不与被测物体表面接触的情况下，获取物体的表面或内在的数据特征。典型的非接触测量方法主要分为光学法和非光学法两大类。光学法包括结构光法、激光三角法、激光测距法、干涉测量法和图像分析法等；非光学法主要包括声学测量法、磁学测量法、X 射线扫描法、电涡流测量法等。此外，非接触式测量也是精密测量工具研发的一个重要方向，研究精密测量新体系、发展新方法和新技术，也是当前非接触式测量技术发展的重点。

三、精密测量技术的仪器和设备

1. 三坐标测量仪

三坐标测量仪是一种基于空间三维坐标测量原理的高精度测量设备，能在六面体的空间范围内实现几何形状、长度及圆周分度等测量功能，因此又称三坐标测量机或三坐标床。

三坐标测量仪通过测量头在三维空间中对工件进行扫描和采样，获取工件表面的点云数据，经过滤波、配准等处理消除噪音（噪点）和误差后，得到高质量的三维数据，并利用数学算法对处理后的点云数据进行分析，计算出工件的尺寸、形状等参数（如直径、长度、平行度等），最终，这些计算结果通过数据处理器或计算机输出，以便进行进一步的分析和应用。

（1）三坐标测量仪的分类　根据结构的不同，可将三坐标测量仪分为以下几类。

1）桥式三坐标测量仪。桥式三坐标测量仪通过移动桥架结构上的探针系统直接或间接（接触或非接触）地扫描工件表面，从而获取工件的几何信息。它能够提供被测工件的三维坐标数据。这些数据可用于计算被测工件的形状、尺寸、位置等信息，从而反映被测工件的几何公差等参数。桥式三坐标测量仪具有较大的测量范围，适用于中大型工件的测量，能满足现代制造的大部分工件检测的需求。桥式三坐标测量仪在车间现场、质量控制、设计和工艺部门都有广泛的应用。图 6-1 所示为桥式三坐标测量仪的结构。

2）龙门式三坐标测量仪。龙门式三坐标测量仪的工作原理与桥式三坐标测量仪的类似，但测量范围更大，适用于大型或超大型工件的测量。模具加工是龙门式三坐标测量仪的一个主要应用领域，能帮助工厂进行模具尺寸的测量，确保其符合设计规格，保证产品质量。龙门式三坐标测量仪如图 6-2 所示。

3）悬臂式三坐标测量仪。悬臂式三坐标测量仪是一种专为中大型工件设计的高精度测量设备，其特点是具备完全开放的测量平台，允许工件从多个方向轻松进入测量区域。这种设计能够适应不同尺寸工件的测量需求，尤其适合中大型工件的检测。此外，还可以通过增加多个测量臂来增强其功能和灵活性。悬臂式三坐标测量仪如图 6-3 所示。

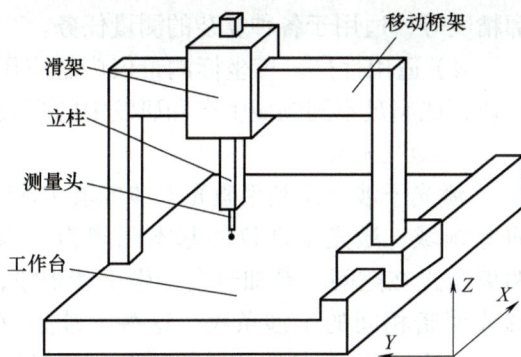

图 6-1　桥式三坐标测量仪

图 6-2　龙门式三坐标测量仪

图 6-3　悬臂式三坐标测量仪

4）关节臂式三坐标测量仪。关节臂式三坐标测量仪通常轻便易携带，能够满足随时随地的测量需求，特别适合需要在不同地点进行测量的工作场景。关节式三坐标测量仪内置平衡设计，提供六个自由度，可以实现任意空间点位置和隐藏点的测量，大大减少了测量死角。关节臂式三坐标测量仪如图 6-4 所示。

（2）三坐标测量仪的优点

1）高精度。三坐标测量仪是一种精密测量设备，测量精度可达微米级别。它能够精确地测量物体的尺寸、形状、位置等参数。

2）高效率。三坐标测量仪配备先进的计算机控制系统，实现测量过程的自动化，大幅减少人工干预，提高测量效率。其能够迅速而精确地测量各种复杂零件的长度、宽度、高度、孔径等尺寸，确保产品的尺寸精度符合设计要求，也能通过配备相应的测头和软件对复杂曲面零件（如叶轮等）进行快速测量。

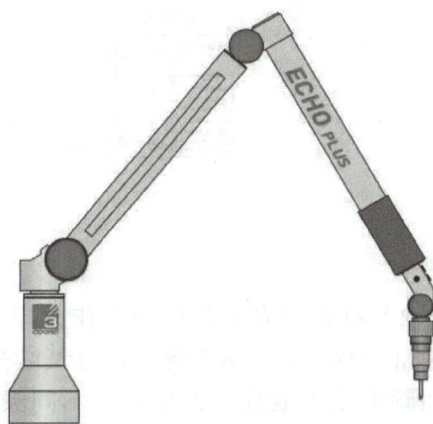

图 6-4　关节臂式三坐标测量仪

3）多功能性。三坐标测量仪具有广泛的测量功能，可以替代多种传统表面测量工具和昂贵的组合量规。三坐标测量仪不仅能够进行常规的尺寸测量，还能够检测几何公差（如直线度、平面度、圆度等）以及曲面特征（如曲率和曲面粗糙度）。它的测量功能包括尺寸精度、定位精度、几何精度及轮廓精度等，适用于各种复杂的测量任务。

4）适用性广。三坐标测量仪广泛应用于机械制造、汽车制造、航空航天、医疗器械、半导体等行业，能满足不同领域生产和研发中的高质量要求，在确保产品质量和精度方面起着至关重要的作用。

2. 激光干涉仪

激光干涉仪是利用激光干涉现象实现精密测量的设备，广泛应用于工业、国防、农业、医疗和科研等领域。激光干涉仪的基本原理为：当两束激光在空间中叠加时会产生干涉现象，形成明暗相间的干涉条纹。这些干涉条纹的位置取决于两束激光的相位差。通过测量干涉条纹的位置，可以确定两束激光的相位差，从而得出被测量的信息。

激光干涉仪主要由激光器、分束器、角锥反射镜和探测器组成。其原理如图 6-5 所示，激光器发出激光，激光进入分束器后分成两束，一束作为参考光束，另一束作为测量光束。参考光束被角锥反射镜反

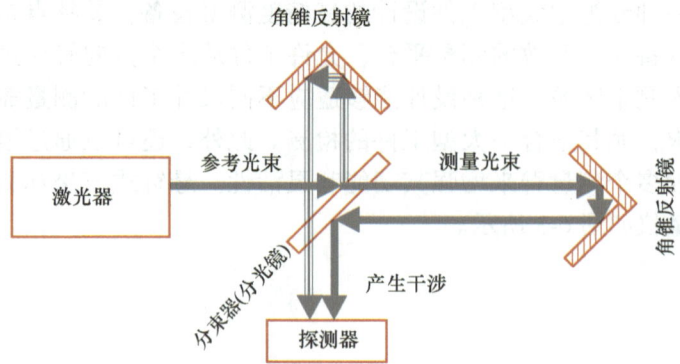

图 6-5　激光干涉仪原理

射回来，而测量光束照射到被测物体上，然后反射回来。参考光束和测量光束在一个光学平台上交汇，形成干涉条纹。通过观察、记录和分析干涉条纹的形态变化，可以得出测量信息。

（1）激光干涉仪的分类　激光干涉仪有两种主流类型：单频激光干涉仪和双频激光干涉仪。

1）单频激光干涉仪的工作原理为：激光源发出激光束，经分光镜后分为反射光束和透射光束，分别经角锥反射镜反射后又回到分光镜，从而形成汇聚光束，如图 6-6 所示。当其中一个反射镜相对于另一个反射镜有位移变化时，光束的相位也发生了变化，形成两路同频率的干涉光。通过探测器记录相位变化量，可以计算出其相对位移量。单频激光干涉仪对环境要求较高，干涉信号强度会因为空气湍流、切屑过多或机床油雾等因素而发生变化，导致光束发生位移或波面扭曲。此外温度波动和机械振动等环境因素也会对测量精度产生影响。

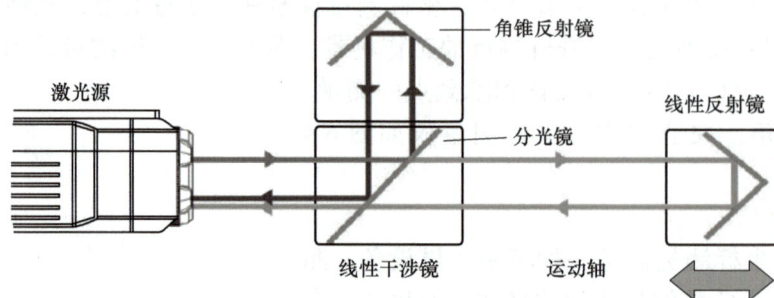

图 6-6　单频激光干涉仪原理

2）双频激光干涉仪的工作原理为：利用氦氖激光器产生两个不同频率的光束，通过干涉现象测量位移。如图 6-7 所示在氦氖激光器上施加约 0.03T（特斯拉）的轴向磁场，利用塞曼分裂效应和频率牵引效应，产生两个不同频率的左旋和右旋圆偏振光。这两个频率的光经过 1/4 波片后变为振动方向相互垂直的线偏振光。经过准直系统（扩束准直器）后，这些光被分光镜分为两部分，一部分反射到检偏器，产生多普勒效应的拍频作为参考信号；另一部分射向可动角隅棱镜并返回。可动角隅棱镜的运动导致反射光束频率发生变化。两束光在偏振分光镜处再次会合，投射到检偏器，产生多普勒效应频拍作为测量信号。这两支信号经过交流放大器后被送入混频器，解调出被测信号 Δf，并用可逆计数器对 $\pm\Delta f$ 信号累计干涉条纹的变化数 N，从而计算出可动角隅棱镜的位移量。

固定反射镜

偏振分光镜

氦氖激光器　　f_1, f_2　扩束准直器　分光镜　　　　　f_2

磁体
磁性筒
磁条

1/4波片　　　　　　反射镜　　　　　可动角隅棱镜

检偏器1　　　　　$f_1, f_2 \pm \Delta f$　偏振片2　　$f_2 \pm \Delta f$

偏振片1　　检偏器2　$f_1 - (f_2 \pm \Delta f)$

稳频系统

$f_1 - f_2$

光电探测器1　光电探测器2

放大整形1　　放大整形2

相减
$\pm \Delta f$

可逆计数

环境参数补偿　　计算机　　数字显示

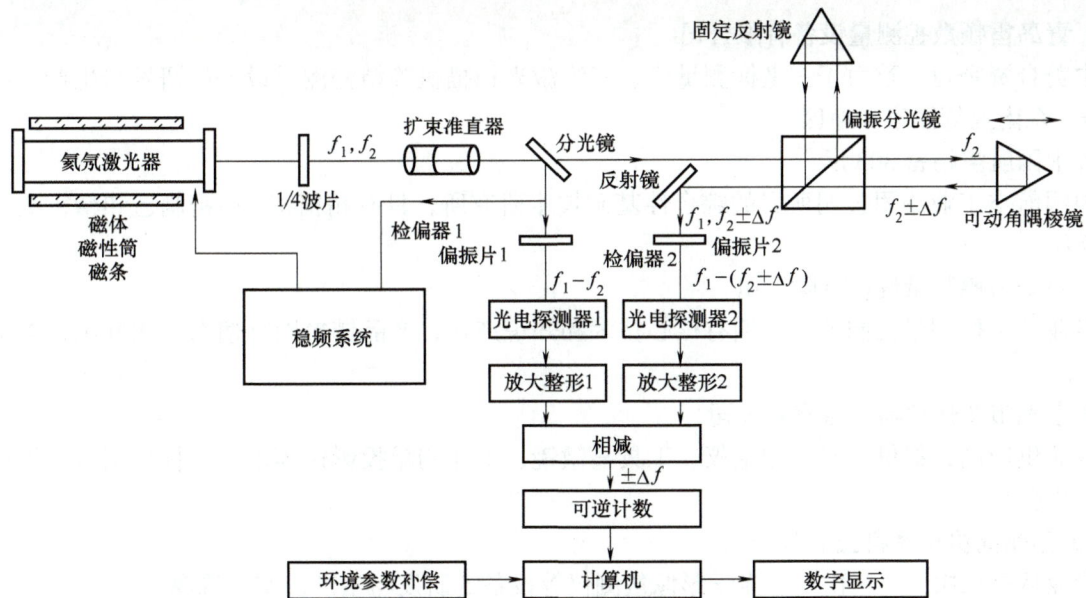

图 6-7　双频激光干涉仪原理

（2）激光干涉仪的特点

1）高精度。基于激光干涉仪的原理，其测量精度可达纳米甚至亚纳米级别。

2）非接触。激光干涉仪在测量时无须接触被测物体，不会对被测物体造成损伤，同时支持远距离测量。

3）实时性。激光干涉仪测量具有快速响应的特点，可以及时反映出被测物体的变化，从而实现对被测物体的实时测量。

4）多功能性。激光干涉仪通过更换不同的反射镜和探测器，可以实现不同的测量功能。如长度、角度、表面粗糙度等。

5）高稳定性。激光干涉仪利用了激光的相干性，能有效抑制外界干扰因素，确保测量过程具有高度稳定性。

【拓展阅读】

生产三坐标测量仪的主要企业及其特点：

1. 思瑞测量技术（深圳）有限公司

由海克斯康集团控股，是国内较早将三维激光扫描技术产业化的高新技术企业。产品包括二维影像、三维坐标测量机等，具有较强的研发与生产能力。

2. 温泽测量仪器（上海）有限公司

成立于 1968 年，德国知名工业计量和造型解决方案供应商。产品广泛应用于汽车、航空航天、发电和医疗器械等行业。

3. 三丰精密量仪（上海）有限公司

全球性的精密测量仪器制造商，提供专业的测量方案和设备，主要产品涵盖千分尺、卡尺、深度尺、量块等。

4. 法如科技（上海）有限公司

全球知名的 3D 技术供应企业，提供三维测量、成像和实现解决方案，产品应用于质量控制、产品设计与工程等领域。

5. 西安爱德华测量设备股份有限公司

国内大型测量产业集团，专注于提供效率智能的测量解决方案，产品广泛应用于电子、汽车、航空航天等行业。

6.青岛雷顿数控测量设备有限公司

中美合资企业，致力于三坐标测量机、三维激光扫描机等精密测量设备的研发与生产，产品出口欧美、东南亚等国家和地区。

7.中国航空精密303所

中国航空工业集团公司所属的综合性基础技术研究所，具有超精密/精密制造和精密测量技术研究能力。

8.西安力德测量设备有限公司

专业三坐标测量机制造商，拥有核心技术和知识产权，产品销售网络遍布全国并出口多个国家和地区。

9.东莞市艾达仪器设备有限公司

专业供应商，提供三坐标测量仪、工具显微镜、工业测量投影仪等设备，提供销售、维修及升级改造服务。

10.苏州高协精密科技有限公司

专业从事二次元、三次元、光学影像量测仪等设备的研发与生产，实力雄厚。

这些企业在三坐标测量仪领域具有较高的市场地位和技术实力，能够满足不同行业的需求。

知识巩固

一、填空题

1.精密测量技术主要用于实现对各种_____的高精度测量。

2.三坐标测量仪可实现_____、_____及_____等测量功能。

3.激光干涉仪有两个主流类型：_____和_____。

二、选择题

1.激光干涉仪的精度可达（   ）。

A.毫米级　　　　B.微米级　　　　C.纳米甚至亚纳米级

2.以下不属于激光干涉仪特点的是（   ）。

A.实时性　　　　B.接触性　　　　C.高精度

单元二　数控机床在线检测技术

学习目标

1.知识目标：数控机床在线检测系统的组成；测头系统的程序结构。
2.能力目标：能了解数控机床在线检测系统的组成及功能；能编写测头的常规程序。
3.素养目标：通过本单元学习，培养学生的逻辑能力。

相关知识

随着科技的发展，传统的静态测量方式已难以满足社会生产的需要。在线测量成为时代所需，它不仅可以保证产品质量、增加产量、降低消耗，还能监测和诊断生产设备故障，助力生产保持最佳状态。数控机床在线检测技术是一种基于计算机自动控制的检测技术，是智能制造体系中的关键使能技术，通过实时监测加工过程与工件状态，实现"加工-检测-补偿"闭环控制，将传统制造精度提升1～2个数量级，广泛应用于航空航天、精密模具等高附加值领域。

一、数控机床在线检测系统的组成

数控机床在线检测系统是智能制造的核心子系统，通过集成传感、计算与反馈控制模块，实现加工过程的全闭环监控。

数控机床在线检测系统主要有两种类型，一种为直接调用基本宏程序，无须计算机辅助；另一种则需要自行开发宏程序库，并借助于计算机辅助编程系统，随时生成检测程序，然后将其传输到数控系统中。

数控机床在线检测系统由软件和硬件组成。

1. 硬件

（1）机床本体　机床本体是实现加工和检测的基础。其工作部件负责实现基本运动，而传动部件的精度直接影响加工和检测的精度。通常，数控车床、数控铣床及加工中心上都可以加装在线检测设备，实现零件加工的在线检测。

（2）数控系统　数控系统的特点是加工程序的输入存储、数控控制加工、点位插补运算以及机床的运动等功能都通过程序来实现。通过接口设备连接计算机与其他装置，当控制对象和功能升级或改变时，只需要更新软件和调整接口。

（3）伺服系统　伺服系统又称随动系统，用于精确跟随或复现某个过程。它是数控机床的重要组成部分，用于实现进给位置伺服控制和主轴转速（或位置）伺服控制。数控机床伺服系统的性能决定了机床的加工精度、表面质量、测量精度和生产率。

（4）测量系统　测量系统是在线检测系统的关键部分，由测量头、数据传输和采集系统组成，决定了检测的精度和速度。其中，测量头可以在加工过程中或加工结束后对工件或零件进行测量，用以检测加工尺寸，并根据检测结果修改机床中的相关参数，确保零件的加工精度符合要求。

（5）计算机系统　计算机系统用于测量数据的采集和处理、检测数控程序的生成、检测过程的仿真以及与数控机床的通信等功能。

测量头

2. 软件

数控机床在线检测系统的软件部分包括控制软件、数据处理软件和用户界面软件等。这些软硬件协同工作，共同完成对加工过程中各个环节的实时监测和调整。

（1）PowerINSPECT 软件概述　PowerINSPECT 是由 Autodesk 公司开发的一款功能强大的三维检测软件，广泛应用于数控机床、三坐标测量仪、便携式测量臂、光学测量设备等多种检测设备。该软件以其易用性、广泛兼容性和高精度检测能力而著称，成为制造业中在线检测领域的佼佼者。Power-INSPECT 软件主界面如图 6-8 所示。

PowerINSPECT 软件的主要功能与特点如下：

1）易学易用。PowerINSPECT 软件拥有简洁明快的用户界面和符合 Windows 系统规范的操作方式，用户经过简单培训即可快速掌握。其图形化界面和人性化设计使检测过程更加直观、便捷。

2）广泛兼容。PowerINSPECT 软件支持多种测量设备和检测技术类型，能够读取包括 IGES、VDA-FS、STEP、ACIS、Parasolid、Creo、CATIA、UG、IDEAS、SolidWorks、SolidEdge、AutoCAD 等在内的广泛格式的三维 CAD 模型数据。通过 Delcam Exchange 软件，PowerINSPECT 软件可以高速输入、输出这些模型数据，保证数据的准确性和完整性。

3）高精度检测。PowerINSPECT 软件提供多种高精度检测工具，如自动对齐定位、几何形体检测能力、自动化几何公差检测向导等。这些工具使得 PowerINSPECT 软件能够轻松应对复杂零件和大型零件的检测需求，保证检测结果的准确性和可靠性。

4）自动化检测流程。PowerINSPECT 软件支持自动化检测流程，用户只需在软件中输入待测零件的 CAD 模型，软件即可自动生成检测路径和检测程序。在检测过程中，PowerINSPECT 软件能够实

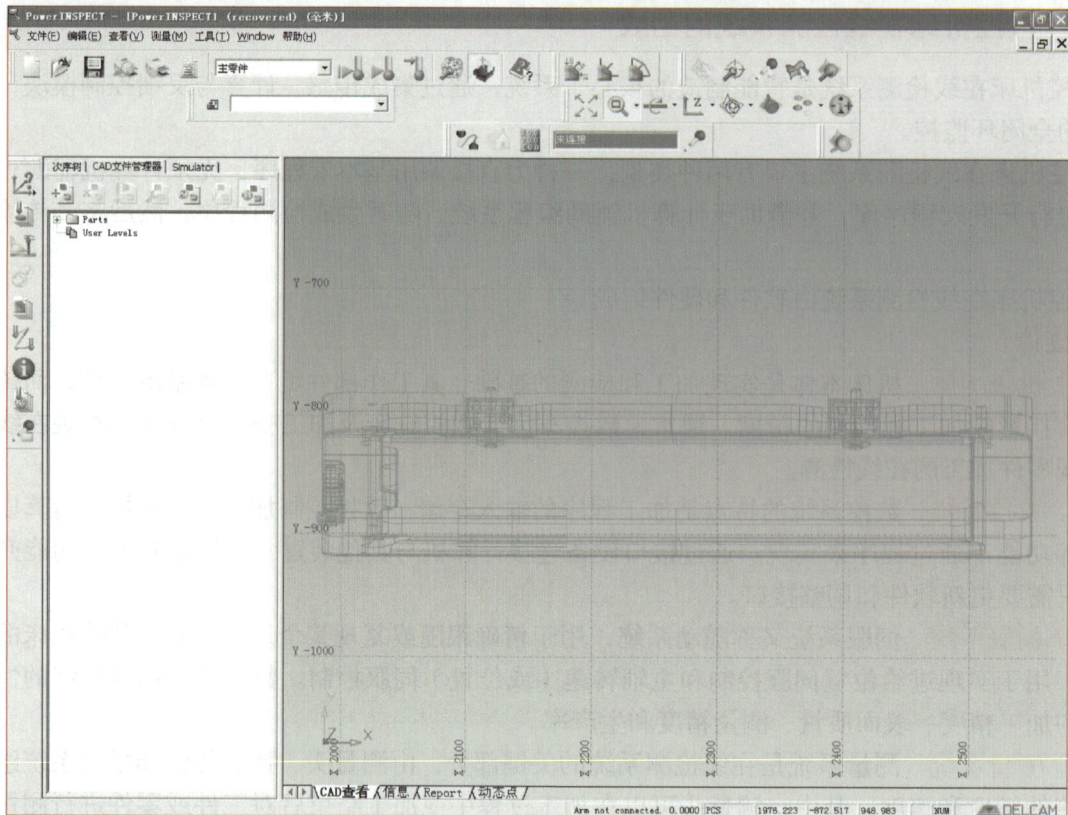

图 6-8　PowerINSPECT 软件主界面

时显示测量结果，并根据检测结果自动调整检测参数或提示用户进行人工干预，显著提高了检测效率和准确性。

5）高品质检测报告。PowerINSPECT 软件能够生成图文并茂的、符合国际标准（如 PTB 认证和 ISO 9002）的检测报告，用户可以自定义检测报告的内容，包括图片、表格和统计数据等，为企业的质量管理和客户沟通提供了有力支持。

（2）PowerINSPECT 软件在数控机床在线检测中的应用　实现数控机床的在线检测时，首先需要在 PowerINSPECT 软件上生成检测主程序。检测主程序包含了待测零件的 CAD 模型、检测路径和检测参数等信息。然后，将检测主程序通过通信接口传输给数控机床。

在加工过程中，数控机床根据检测主程序的指令控制测量头按预定路径运动。当测量头接触工件并触发信号时，触发信号通过专用接口传输给计算机上的 PowerINSPECT 软件。软件接收到触发信号后，记录测量点的坐标信息，并根据需要进行数据处理和结果分析。

完成一个测量点后，数控机床继续执行下一个测量动作，直到所有预定测量点均被检测完毕。最后，PowerINSPECT 软件生成检测报告并输出给用户。

以汽车制造企业为例，PowerINSPECT 软件用于发动机缸体的实时检测。软件自动生成检测路径和检测程序，通过通信接口传输给加工中心（数控机床），测量头按预定路径对缸体进行实时检测。检测过程中，PowerINSPECT 软件实时显示测量结果，并根据检测结果自动调整加工参数，显著提高了加工精度和生产率，降低了废品率和返修率。

二、数控机床在线检测系统的工作原理

首先，需要编写检测程序（或利用计算机辅助编程系统自动生成检测程序），将程序输入数控机床中。通过数控系统运行该程序，使测量头按照程序指定的路径运动，当测量头接触工件后会触发信号，该信号通过数据传输和采集系统传递给机床控制系统，从而记录下该点的坐标值。当信号被接收

后，机床停止运动，得到的坐标点通过专用通信接口传回计算机，然后进行下一个测量动作。

典型几何形状的测量路径步骤如下：

1）确定零件待测的形状特征几何要素。

2）确定零件的待测精度特征。

3）根据测量的形状特征几何要素和精度特征，确定检测点数量及分布。

4）确定检测零件的工件坐标系。

5）根据检测条件确定检测路径。

6）根据检测路径编写检测程序。

三、数控机床在线检测系统的应用

随着现代加工制造设备的快速发展，数控机床的线性精度和几何精度也越来越高，其中控制器的功能也越来越强大，这使得利用机床本身配以测量头系统来实现对工件的在线测量或刀具自动测量及检测的功能得以实现。在线检测技术有以下几个优势：准确、快速地对工件位置进行找正并自动设定工件坐标系；在加工过程中对工件尺寸进行检测，并根据测量结果自动进行刀具补偿；柔性加工中工件及夹具的确认等。

1. 在线检测系统自动找正

自动找正功能可以避免人工输入错误，减少刀具、工件和机床的损坏风险。在主轴或刀架上安装测量头，可用于加工中的测量和首件检测。手动测量依赖于操作人员的技能，而将工件移到三坐标测量仪上检测的方法往往不可在加工中途进行。在线检测通过软件自动计算和更改工件坐标数据，自动修正刀具补偿值并实时测量，消除人为误差，降低加工风险。

雷尼绍
测量头

2. 加工过程中对工件尺寸进行检测

在线检测技术能够在加工过程中实时监测工件的尺寸，确保及时发现并纠正偏差。这种实时监控可避免批量生产中的错误，减少返工和废品率。由于加工与测量在同一台设备上完成，减少了工件的二次装夹定位误差，降低了测量成本，提高了生产率。

在线检测
案例

3. 柔性加工中工件及夹具的确认

通过在线检测系统，数控机床能够自动识别不同的工件和夹具，并根据设置的程序进行相应加工，减少了人为错误。通过精确测量和调整工件及夹具的位置，在线检测系统提高了加工精度，降低了废品率，提高了产品质量。同时，在线检测系统能够实时监测工件和夹具的位置和状态，确保加工过程的稳定性和准确性。

知识巩固

填空题

1. 数控机床在线检测系统硬件部分通常由_____、_____、_____、_____、_____组成。

2. 数控机床在线检测系统软件部分通常由_____、_____和_____。

单元三　数控机床在线检测系统仿真技术

学习目标

1. 知识目标：了解数控机床在线检测系统仿真原理。

2. 能力目标：掌握数控机床在线检测系统仿真应用。

3. 素养目标：通过本单元的学习，培养学生关注技术发展动态，提升其前瞻性思维，使其更好地适应快速变化的技术环境，抓住机遇，应对挑战。

相关知识

随着制造业的快速发展，数控机床作为现代加工的核心设备，其精度和效率直接关系到产品的质量和市场竞争力。数控机床在线检测系统作为保障加工精度的重要手段，其重要性日益凸显。然而，在实际应用中，直接在线检测可能会带来成本增加、设备磨损等问题。因此，数控机床在线检测系统仿真技术应运而生，成为提高检测效率、降低成本的有效途径。

一、数控机床在线检测系统仿真技术概述

数控机床在线检测系统仿真技术是利用计算机技术和仿真软件，对数控机床在线检测过程进行虚拟建模，重点对检测路径规划、测量头运动轨迹、触发信号响应等核心环节进行动态模拟与量化分析，以验证检测程序逻辑的准确性，并通过参数优化迭代提升检测策略的可靠性。该技术能够在无实物接触条件下完成全生命周期模拟测试，有效规避传统试切法带来的资源浪费和设备损耗问题。

数控机床在线检测系统仿真技术有以下优势：

1. 降低成本

通过仿真技术，可以在虚拟环境中优化路径规划和测量头运动轨迹，避免实际检测过程中的材料浪费和测量头磨损。

2. 提高效率

仿真技术以并行计算方式快速生成检测结果，为程序的调整和优化提供即时反馈，将产品验证周期缩短 30% ～ 50%。

3. 提高精度

通过碰撞检测算法与误差补偿模型，提前识别测量头与工件的潜在干涉点，将测量精度提高至微米级。

4. 增强安全性

在虚拟环境中模拟极端工况，避免因程序错误导致的机床碰撞事故，实现检测过程的零风险操作。

二、数控机床在线检测系统仿真技术的原理与实现方法

1. 原理

数控机床在线检测系统仿真技术基于虚拟现实技术和数控编程技术，通过构建虚拟的数控机床模型、测量头模型以及工件模型，模拟真实的检测过程。在仿真过程中，计算机根据检测程序控制虚拟测量头沿预定路径运动，当虚拟测量头与虚拟工件接触时，触发仿真信号，并通过仿真软件计算接触点的坐标值，评估检测路径的合理性和测量精度。

2. 实现方法

（1）虚拟环境　构建虚拟环境构建是数控机床在线检测系统仿真技术的基础。首先，需要利用 CAD 软件建立工件的几何模型，并将其导入仿真软件。然后，根据数控机床的实际结构和性能参数，在仿真软件中构建虚拟数控机床模型，包括机床床身、主轴、进给机构等关键部件。同时，还需要建立虚拟测量头模型，模拟测量头的形状、尺寸和运动特性。

（2）检测程序　编写与导入检测程序是数控机床在线检测系统仿真技术的核心。检测程序应根据工件的几何特征和检测要求编写，包括测量头的运动路径、触发条件、数据采集方式等。编写完成后，将检测程序导入仿真软件，与虚拟数控机床模型和虚拟测量头模型进行关联。

（3）仿真运行与结果分析　在仿真软件中运行检测程序，观察虚拟测量头在虚拟数控机床上的运

动轨迹和触发信号。仿真软件会实时计算接触点的坐标值，并与理论值进行比较，评估检测路径的合理性和测量精度。同时，仿真软件还可以提供可视化界面，展示检测过程中的关键参数和结果，便于用户进行分析和优化。

三、数控机床在线检测系统仿真技术的趋势

随着计算机技术和仿真技术的不断发展，数控机床在线检测系统仿真技术将呈现以下发展趋势：

1. 高精度化

仿真算法将不断优化，提高接触点坐标值的计算精度和仿真结果的准确性。

2. 智能化

引入人工智能技术，实现检测路径和测量头运动轨迹的自动优化和实时调整。

3. 集成化

将仿真技术与 CAD/CAM 系统深度融合，实现设计、加工、检测一体化的高效流程。

4. 云端化

利用云计算技术搭建云端仿真平台，支持远程协作和资源高效共享。

数控机床在线检测系统仿真技术在制造业中具有广阔的应用前景。随着制造业向智能化、精密化转型。

企业对高效率、低成本的检测技术的需求日益增长。该技术通过构建虚拟环境、编写检测程序、运行仿真分析等方法，可以对数控机床在线检测过程进行全面、细致的模拟和分析。未来，随着技术的不断发展和应用领域的不断拓展，数控机床在线检测系统仿真技术将为企业带来更多的创新和发展机遇。

知识巩固

填空题

1. 仿真系统的优势包括＿＿＿＿＿、＿＿＿＿＿、＿＿＿＿＿、＿＿＿＿＿。

2. 数控机床在线检测系统仿真技术基于＿＿＿＿＿和＿＿＿＿＿，通过构建虚拟的＿＿＿＿＿、＿＿＿＿＿以及＿＿＿＿＿，模拟真实的检测过程。

3. 数控机床在线检测系统仿真技术的发展趋势为：＿＿＿＿＿、＿＿＿＿＿、＿＿＿＿＿、＿＿＿＿＿。

参 考 文 献

[1] 戴庆辉，等.先进制造系统 [M].2 版.北京：机械工业出版社，2019.

[2] 盛晓敏，邓朝辉.先进制造技术 [M].北京：机械工业出版社，2019.

[3] 王凤平.机械制造工艺学 [M].北京：机械工业出版社，2019.

[4] 郁鼎文，陈恳.现代制造技术 [M].北京：清华大学出版社，2006.

[5] 殷国富，刁燕，蔡长稻.机械 CAD/CAM 技术基础 [M].武汉：华中科技大学出版社，2019.

[6] 杨叔子.特种加工 [M].北京：机械工业出版社，2012.

[7] 何法江.机械 CAD/CAM 技术 [M].北京：清华大学出版社，2012.

[8] 但斌，刘飞.先进制造技术与管理 [M].北京：高等教育出版社，2008.

[9] 刘飞，曹华军，张华.绿色制造的理论与技术 [M].北京：科学出版社，2005.

[10] 杨正泽.中国制造 2025 高档数控机床和机器人 [M].济南：山东科学技术出版社，2018.

[11] 张建华.精密与特种加工技术 [M].北京：机械工业出版社，2017.

[12] 马履中，等.机器人与柔性制造系统 [M].北京：化学工业出版社，2007.

[13] 刘平.机械制造技术 [M].北京：机械工业出版社，2011.

[14] 隋秀凛，夏晓峰.现代制造技术 [M].北京：高等教育出版社，2021.

[15] 山颖.现代制造技术 [M].北京：机械工业出版社，2017.

[16] 余天容.工业机器人关键技术综述 [J].科学与信息化，2019（6）：81-83.

[17] 周春华.机械制造技术 [M].北京：北京理工大学出版社，2012.

[18] 沈向东.柔性制造技术 [M].北京：机械工业出版社，2018.

[19] 王立波，钟展.现代制造技术 [M].北京：北京航空航天大学出版社，2016.

[20] 王细洋.现代制造技术 [M].北京：国防工业出版社，2017.

[21] 史玉升，等.增材制造技术 [M].北京：清华大学出版社，2022.

[22] 吴超群，张金良，孙琴.增材制造技术 [M].2 版.北京：机械工业出版社，2024.

[23] 成思源，杨学荣.逆向工程技术 [M].北京：机械工业出版社，2017.

[24] 刘鑫.逆向工程技术应用教程 [M].北京：清华大学出版社，2013.

[25] 刘树华，鲁建厦，王家尧.精益生产 [M].北京：机械工业出版社，2009.

[26] 程国卿.MRP Ⅱ /ERP 原理与应用 [M].北京：清华大学出版社，2021.

[27] 刘伯莹，周玉清，刘伯钧.MRP Ⅱ /ERP 原理与实施 [M].天津：天津大学出版社，2001.

[28] 苑伟政，乔大勇.微机电系统 [M].西安：西北工业大学出版社，2011.

[29] 阮勇，董永贵.微型传感器 [M].北京：清华大学出版社，2018.

[30] 王秋莲，黄文帝，陈真，等.数控机床能效在线监测方法及监测系统 [J].现代制造工程，2015（1）：9.

[31] 李凯.数控机床的精度检测与误差补偿 [J].设备管理与维修，2023（1）：107-109.

[32] 陈静.数控机床加工精度异常诊断的处理与预防研讨 [J].现代制造技术与装备，2023，59（11）：151-153.

[33] 高义然，牛兴华，牛俊青，等.基于 EFAST 方法的三坐标数控机床几何精度灵敏度分析 [J].工具技术，2024，58（4）：127-134.

[34] 马蔷，李嵩松，丁宾，等.数控车铣复合机床精度检验项目分析 [J].金属加工：冷加工，2023（4）：61-64.

[35] 黄新，程远雄，孙健利.机床用滚动直线导轨副安装技术分析 [J].制造技术与机床，2005（2）：4.

[36] 李鹏辉.基于测量校正的直线导轨安装技术 [J].湖北工业大学学报，2010，25（4）：3.

[37] 汪哲能.现代制造业的发展方向 - 绿色制造 [J].装备制造技术，2010（3）：73-74.